小黑杨抗逆基因工程育种研究

姜　静　穆怀志　陈　肃　著

科学出版社

北京

内 容 简 介

小黑杨生长速度快、适应能力强，是林木抗逆育种研究的理想材料。本书汇集了著者在小黑杨抗逆基因工程育种研究方面的成果，对小黑杨遗传转化体系的建立、转 *betA* 基因小黑杨、转 *codA* 基因小黑杨、转抗虫基因小黑杨、转 *TaLEA* 基因小黑杨、转 *PsnWRKY70* 基因小黑杨的研究进行了详细叙述。本书在介绍建立小黑杨遗传转化体系的基础上，重点研究了 *betA*、*codA*、*TaLEA*、*PsnWRKY70* 和抗虫基因对小黑杨的遗传转化，以及小黑杨优良转基因株系的筛选，阐述了小黑杨抗逆基因工程育种的最新研究成果及进展。

本书可作为林学专业本科生及研究生的辅助教材，也可作为植物遗传育种领域教学、科研和管理人员的参考书。

图书在版编目(CIP)数据

小黑杨抗逆基因工程育种研究 / 姜静，穆怀志，陈肃著. —北京：科学出版社，2018.12

ISBN 978-7-03-060121-6

Ⅰ. ①小⋯ Ⅱ. ①姜⋯ ②穆⋯ ③陈⋯ Ⅲ. ①杨树-抗性-遗传育种-研究 Ⅳ. ①S792. 110. 4

中国版本图书馆CIP数据核字(2018)第281019号

责任编辑：张会格 白 雪 / 责任校对：郑金红
责任印制：张 伟 / 封面设计：刘新新

科 学 出 版 社 出版

北京东黄城根北街 16 号
邮政编码：100717
http://www.sciencep.com

北京虎彩文化传播有限公司 印刷
科学出版社发行 各地新华书店经销

*

2018 年 12 月第 一 版 开本：720 × 1000 1/16
2018 年 12 月第一次印刷 印张：9 3/4
字数：200 000

定价：98.00 元
(如有印装质量问题，我社负责调换)

前　言

小黑杨（*Populus simonii* × *Populus nigra*）是从黑杨与小叶杨的杂交组中选出的优良品种，是东北、华北及西北平原地区常用的绿化树种，现已推广种植 1714 万株，造林 80 万 hm²。小黑杨生长速度快、适应能力强，具有抗寒、抗旱、耐瘠薄、耐盐碱的特性，在林木抗逆育种方面具有重要的研究价值。

鉴于此，本书以小黑杨为研究对象，对其抗逆基因工程育种进行了系统的研究。首先，建立了小黑杨遗传转化体系；其次，在此基础上，对小黑杨进行了 *betA*、*codA*、*TaLEA*、*PsnWRKY70* 和抗虫基因的遗传转化；最后，对转基因小黑杨进行了抗逆性分析，筛选了优良转基因株系。全书由东北林业大学姜静教授、陈肃副教授和北华大学穆怀志博士撰写，共包括 8 章：第 1 章小黑杨遗传转化体系的建立；第 2 章转 *betA* 基因小黑杨研究；第 3 章转 *codA* 基因小黑杨研究；第 4 章转抗虫基因小黑杨研究；第 5 章转 *TaLEA* 基因小黑杨研究；第 6 章转 *TaLEA* 基因小黑杨表达特性研究；第 7 章转 *TaLEA* 基因小黑杨生长稳定性研究；第 8 章转 *PsnWRKY70* 基因小黑杨研究。

本书相关研究受国家科技重大专项"转基因生物新品种培育"（2018ZX08020002）、国家转基因植物研究与产业化专项"杨树基因工程育种研究"（J2002-B-004）和国家高技术研究发展计划课题"杨树抗逆分子育种与品种创制"（2011AA100201）等课题资助，特此致谢。在本书撰写过程中，白爽、蔡智军、常玉广、程贵兰、黄海娇、李志新、梁宏伟、刘梦然、曲冠证、王遂、王伟、袁红梅、詹立平、赵慧等进行了相关实验研究，在此一并致谢。

姜　静　穆怀志　陈　肃

2018 年 6 月 26 日

目　　录

1 小黑杨遗传转化体系的建立

用于林木转基因的方法很多，有农杆菌介导法、基因枪法、聚乙二醇[poly (ethylene glycol)，PEG]法等(赵世民等，1999；王永芳等，2001)。其中，农杆菌介导转化法以其简单、易于开展等优点而被广泛应用(Horsh et al.，1985)。但采用此方法时，植物材料受农杆菌侵染后，需用抗生素及时有效地杀死农杆菌或抑制其生长，以防止其危害植物组织并影响植株再生，但在培养基中加入抗生素势必会影响植物组织的正常生长与分化(Lin et al.，1995)。因此，研究抗生素对农杆菌的抑制效果和对植物叶片不定芽产生率的影响，确定抗生素的种类及适宜浓度，是建立高效转基因体系的关键。虽然杨树已成为林木转基因中的模式植物，但由于杨树种类众多，变异丰富，不同株系之间遗传差异明显，在进行组织培养及遗传转化过程中，应针对不同杨树品种选用不同植株进行再生，优化组培体系和遗传转化体系。本章相关研究在建立小黑杨花粉植株组培优化体系的基础上(刘桂丰等，2002)，进一步建立小黑杨花粉植株转基因的最佳体系。

1.1 抗生素对小黑杨叶片离体培养的影响

常用的选择标记基因是 *AphA2* 基因，其编码产物为 NPTⅡ，也是本研究所用载体的选择标记基因。它编码合成的新霉素磷酸转移酶，对卡那霉素、G418 等氨基糖苷类抗生素均具有抗性(王新桐等，2014)。由于不同植物对抗生素的敏感程度不同，在抗性愈伤组织筛选时合适的抗生素浓度对转化子的筛选非常关键。抗生素浓度过高，不仅会抑杀生长状态不好的转化子，还会减缓抗性愈伤组织的生长速度；抗生素浓度过低，将会助长非转化子的逃逸，导致假阳性率升高(詹立平等，2004)。为获得最佳的筛选效果，遗传转化前必须进行实验，了解小黑杨叶片分化和生根过程中对选择剂的敏感程度，以确定选择抗生素的浓度。

1.1.1 不同浓度卡那霉素对小黑杨生长的影响

1.1.1.1 不同浓度卡那霉素对小黑杨叶片分化的影响

将参试的 374 个小黑杨叶片分别接种到含不同浓度卡那霉素的分化培养基中(MH+0.5mg/L 6-BA+0.05mg/L NAA+20g/L 蔗糖+6g/L 琼脂)，卡那霉素的浓度设为 8 个梯度：0mg/L、5mg/L、10mg/L、15mg/L、20mg/L、30mg/L、40mg/L、50mg/L

(表1-1)。观察愈伤组织形成情况。研究结果表明，小黑杨叶片分化对卡那霉素浓度比较敏感，在卡那霉素浓度为 5mg/L、10mg/L 和 15mg/L 的培养基中叶片可以分化，它们的分化率分别是 66%、60%和 34%，可以看出随卡那霉素浓度的升高，叶片分化率不断降低；当卡那霉素浓度达到 20mg/L 及以上时，愈伤组织诱导率为 0，完全抑制小黑杨叶片的分化。因此，用卡那霉素作为选择剂对小黑杨叶片进行选择时，卡那霉素选择浓度的下限为 20mg/L。

表 1-1　不同浓度的卡那霉素对小黑杨叶片分化的影响

卡那霉素浓度/(mg/L)	外植体叶片数	形成愈伤组织所需天数	愈伤组织诱导率/%	叶片分化率/%	褐化率/%
0	30	6	97	93	6
5	38	7	69	66	31
10	40	7	69	60	31
15	62	8	51	34	49
20	124	—	0	0	0
30	40	—	0	0	0
40	20	—	0	0	0
50	20	—	0	0	0

1.1.1.2　不同浓度卡那霉素对小黑杨组培苗生根的影响

研究表明，根对抗生素的敏感性很强，因此在含高浓度卡那霉素的选择培养基上非转化的苗很难生根，只有遗传转化植株才可能生根(毕静华等，2006)。将小黑杨无根苗接种到生根培养基(1/2MH+0.2mg/L IBA+20g/L 蔗糖+6g/L 琼脂)上，所含卡那霉素的浓度分别为 0mg/L、10mg/L、15mg/L、20mg/L、30mg/L 等 5 个梯度，观察小黑杨生根情况，于第 21 天统计实验结果(表 1-2)。分析不同浓度的卡那霉素对小黑杨生根的影响，观察发现，在无卡那霉素(对照)的培养基上，生根培养第 7 天时，苗根部伤口处便可产生膨大现象，并很快有不定根的产生；第 21 天时生根数量可多达 16 条，生根率达 100%。在选择培养基上，当卡那霉素浓度为 10mg/L 时，就已明显抑制了小黑杨植株组培苗的生根，此时虽然有些组培苗能产生不定根，但生根较晚，根较短，不足 0.3cm，且根的数量较少；当卡那霉素浓度为 15mg/L 时，所产生的根更短，生根率只有 13%；当卡那霉素浓度为 20mg/L 时，根部可见伤口处有膨大现象，但无生根现象；当卡那霉素浓度为30mg/L 时，伤口膨大减轻。以在选择培养基中小黑杨能否产生不定根为标准，确定卡那霉素生根选择浓度的下限为 20mg/L。

表 1-2　不同浓度的卡那霉素对小黑杨生根的影响

卡那霉素浓度/(mg/L)	无根苗株数	第21天生根株数	生根率/%
0	16	16	100
10	16	8	50
15	16	2	13
20	16	0	0
30	16	0	0

1.1.2　不同浓度 G418 对小黑杨生长的影响

1.1.2.1　不同浓度 G418 对小黑杨叶片分化的影响

将小黑杨叶片接种到分化培养基中，所含 G418 的浓度分别为 0mg/L、2mg/L、5mg/L、10mg/L、20mg/L 和 30mg/L 等 6 个梯度，于第 21 天统计参试的 376 个小黑杨叶片分化情况，分析不同浓度的 G418 对小黑杨叶片分化的影响(表 1-3)。结果表明，G418 对小黑杨叶片分化的影响较大，浓度为 2mg/L 时就明显地抑制了叶片的分化，分化率只有 23%；在浓度为 5mg/L 及以上时，叶片分化率为 0，褐化非常严重。与卡那霉素相比较，G418 的杀伤力较强，为创造一个合适的选择压力使转化细胞能最大限度地生长，本实验用卡那霉素作为选择剂对小黑杨叶片进行选择。

表 1-3　不同浓度 G418 对小黑杨叶片分化的影响

G418 浓度/(mg/L)	外植体叶片数	叶片分化数	叶片分化率/%	褐化率/%
0	71	71	100	0
2	56	13	23	12.5
5	50	0	0	18
10	70	0	0	100
20	67	0	0	100
30	62	0	0	100

1.1.2.2　不同浓度 G418 对小黑杨组培苗生根的影响

将小黑杨无根苗接种到生根培养基中，所含 G418 的浓度分别为 0mg/L、1mg/L、2mg/L、3mg/L、4mg/L、5mg/L、7mg/L、9mg/L、11mg/L 等 9 个梯度，观察不同浓度的 G418 对小黑杨生根的影响(表 1-4)。结果表明在无 G418 的培养基上，组培苗根部 7 天左右伤口处便产生膨大现象，并很快产生不定根，生根率达 100%；根长可达 3cm，数目较多，平均 15 条左右。G418 的浓度为 1mg/L、2mg/L、

3mg/L 时对生根的影响不明显，均在第 9 天左右生根，但根长不足 1cm，平均数目少于 10 条。G418 的浓度为 4mg/L、5mg/L 时，明显抑制生根，根较短(0.3cm)，生根率只有 10%。G418 的浓度为 7mg/L 以上时，组培苗无生根现象。通过分析确定小黑杨植株生根选择培养的 G418 浓度临界值为 7mg/L。

表 1-4   不同浓度 G418 对小黑杨生根的影响

G418 浓度/(mg/L)	无根苗株数	第 25 天生根株数	生根率/%
0	20	20	100
1	20	15	75
2	20	13	65
3	20	11	55
4	20	2	10
5	20	2	10
7	12	0	0
9	12	0	0
11	12	0	0

1.2   抑菌剂的抑菌效果及对小黑杨生长的影响

在植物遗传转化研究中，常使用头孢类抗生素、羧苄青霉素进行除菌，也有研究采用 AgNO$_3$ 试剂进行除菌。在一定浓度范围内，除菌剂在植物再生培养中能够显著促进离体叶片产生不定芽(秦玲等，2002)，若浓度过大，除菌剂会对植物外植体产生伤害，影响外植体正常生理功能。因此，有必要对不同除菌剂的除菌能力、不同浓度下除菌剂对小黑杨生长的影响进行比较分析，以确定除菌剂的种类和适宜的使用浓度。

1.2.1   头孢类抗生素对农杆菌的抑制作用

采用 LB 液体和固体培养基，附加不同浓度、不同种类的抗生素进行实验(表 1-5、表 1-6)，结果表明，LB 液体培养下头孢噻肟钠和头孢曲松钠的浓度变化对抑菌作用影响的差异不明显，在 400～1000mg/L 浓度范围内头孢噻肟钠的抑菌作用高于头孢曲松钠。而不同浓度的头孢唑林钠对农杆菌抑制作用的差异明显，头孢唑林钠浓度为 900mg/L 时的抑菌效果与 500mg/L 的头孢曲松钠相近。

表 1-5　不同浓度的头孢类抗生素作用下农杆菌的 OD$_{600}$

抗生素浓度/(mg/L)	农杆菌 OD$_{600}$		
	头孢唑林钠	头孢噻肟钠	头孢曲松钠
400	0.145	0.037	0.056
500	0.128	0.022	0.066
700	0.102	0.029	0.057
900	0.069	0.038	0.062
1000	0.060	0.034	0.066

表 1-6　不同浓度的头孢类抗生素作用下农杆菌菌落形成所需天数

抗生素浓度/(mg/L)	农杆菌菌落形成所需天数		
	头孢唑林钠	头孢噻肟钠	头孢曲松钠
0	2	2	2
50	2	7	7
100	3	8	7
150	3	9	8
200	3	10	8
250	3	—	10
300	4	—	—
350	4	—	—
400	5	—	—
450	6	—	—
500	8	—	—
750	8	—	—
1000	—	—	—

　　进而将工程菌分别涂在含不同浓度、不同种类抗生素的 LB 平板上，观察抗生素的抑菌效果。结果表明：未加抗生素的平板(对照)在第 2 天出现了菌落；含 50mg/L 头孢唑林钠的 LB 平板在第 2 天也出现了菌落，表明该浓度的头孢唑林钠无抑菌能力；而含 50mg/L 头孢噻肟钠和头孢曲松钠的 LB 平板则在第 7 天才出现菌落，二者的抑菌效果与 500mg/L 的头孢唑林钠相近。

　　通过液体培养和固体培养，比较分析了头孢唑林钠、头孢噻肟钠和头孢曲松钠 3 种抗生素的抑菌效果，结果表明：不同抗生素及其浓度对农杆菌的抑制效果存在明显差异，头孢噻肟钠和头孢曲松钠抑菌效果较好，头孢唑林钠次之，结合不同除菌剂对叶片分化影响的实验结果，最后才能确定除菌剂的种类和适宜的使用浓度。

1.2.2　AgNO₃对农杆菌的抑制作用

由于 AgNO₃ 具有良好的杀菌效果，不同浓度的 Ag⁺ 杀菌效果也各不相同，因此本实验在 LB 固体培养基（10g/L 蛋白胨+5g/L 酵母粉+10g/L NaCl+15g/L 琼脂）上，除附加 50mg/L 卡那霉素和 50mg/L 利福平外，分别加入 0mg/L、1.0mg/L、1.5mg/L、2.0mg/L、2.5mg/L 和 3.0mg/L 等 6 个浓度梯度的 AgNO₃，分析 AgNO₃ 对农杆菌的抑制作用（表 1-7）。结果表明，在含 AgNO₃ 的培养基上培养 6 天均未见农杆菌菌落形成，而不加 AgNO₃ 的培养基上在培养第 2 天就出现菌落。从第 7 天起，AgNO₃ 浓度为 1.0mg/L 的培养基上开始形成菌落；第 8 天、第 9 天时，AgNO₃ 浓度为 1.5mg/L 和 2.0mg/L 的培养基上依次出现菌落；第 10 天时，AgNO₃ 浓度为 2.5mg/L 和 3.0mg/L 的培养基上均出现菌落。说明 AgNO₃ 对农杆菌的抑制作用随其浓度的递增而明显加强。

表 1-7　不同浓度 AgNO₃ 对农杆菌的抑制作用

培养时间/天	AgNO₃ 浓度/（mg/L）					
	0	1.0	1.5	2.0	2.5	3.0
2	+	−	−	−	−	−
3	+	−	−	−	−	−
4	+	−	−	−	−	−
5	+	−	−	−	−	−
6	+	−	−	−	−	−
7	+	+	−	−	−	−
8	+	+	+	−	−	−
9	+	+	+	+	−	−
10	+	+	+	+	+	+

注："+"表示出现菌落；"−"表示未出现菌落

1.2.3　抑菌剂对小黑杨叶片分化的影响

头孢类抗生素在抑制农杆菌的同时，对植物外植体也会产生一定的毒性，容易导致外植体伤口褐化并影响其生理功能（王丽等，2006）。因此，有必要对除菌抗生素对叶片分化的影响进行比较分析，以确定所用抗生素的种类及最佳的使用浓度。

1.2.3.1　头孢唑林钠对小黑杨叶片分化的影响

以小黑杨叶片为外植体，在分化培养基中附加头孢唑林钠，浓度分别为 250mg/L、500mg/L、750mg/L、1000mg/L、1250mg/L 等 5 个梯度，对照组不加抗生素，21 天后观察统计参试的 246 个外植体叶片的分化情况。

头孢唑林钠浓度在 250～1250mg/L 的范围内时，绝大部分外植体都能产生愈伤组织，而且愈伤组织诱导率达 87%～95%，褐化率为 5%～13%。叶片分化率在 88%～95%，其随抗生素浓度梯度的变化不明显，最高为 95%，最低为 88%，平均分化率为 90.6%，形成愈伤组织和分化的时间也较其他抗生素处理早 1～2 天，长势很好，叶片颜色较绿(表 1-8)。

表 1-8　头孢唑林钠对小黑杨叶片分化的影响

头孢唑林钠浓度/(mg/L)	外植体叶片数	愈伤组织诱导率/%	叶片分化率/%	褐化率/%
0	46	93	93	0
250	41	95	88	5
500	40	87	92	13
750	39	95	95	5
1000	40	90	90	10
1250	40	90	88	10

1.2.3.2　头孢噻肟钠对小黑杨叶片分化的影响

以小黑杨叶片为外植体，在分化培养基(MH+0.05mg/L NAA+0.5mg/L 6-BA+20g 蔗糖)中附加头孢噻肟钠，浓度为 50～1250mg/L，对照组不加抗生素，每个梯度设置 40～54 片小黑杨叶片。实验结果表明，抗生素浓度在 50～200mg/L 范围内的叶片分化率变化不大，平均分化率为 81%。抗生素浓度大于 250mg/L 时，叶片分化率呈减小趋势，形成愈伤组织和分化的时间也较晚(比对照的要晚 1～2 天)，长势较差，其愈伤组织褐化程度较高(表 1-9)。结合抑菌实验结果，认为头孢噻肟钠作为除菌剂的适宜浓度为 200mg/L。

表 1-9　头孢噻肟钠对小黑杨叶片分化的影响

头孢噻肟钠浓度/(mg/L)	外植体叶片数	愈伤组织诱导率/%	叶片分化率/%	褐化率/%
0	46	93	93	0
50	48	96	75	4
100	54	100	74	0
150	52	96	88	0
200	50	96	88	0
250	40	77	68	23
500	41	83	71	17
750	40	65	50	36
1000	40	30	23	60
1250	40	15	10	85

1.2.3.3　头孢曲松钠对小黑杨叶片分化的影响

以小黑杨叶片为外植体，在分化培养基中附加头孢曲松钠，浓度分别为 100mg/L、150mg/L、200mg/L、250mg/L、500mg/L、750mg/L、1000mg/L、1250mg/L 等 8 个梯度，对照组不加抗生素，21 天后观察统计外植体叶片分化情况（表 1-10）。抗生素浓度在 100～250mg/L 范围内愈伤组织的平均诱导率为 95%，但叶片的平均分化率只有 47%；当抗生素浓度大于等于 500mg/L 时，其愈伤组织诱导率和叶片分化率均为 0。LB 平板抑菌实验结果表明，头孢曲松钠浓度在 150～200mg/L 即可有效地抑制农杆菌生长，由于在该浓度范围内小黑杨叶片分化率较低，因此不宜用头孢曲松钠作为小黑杨选择培养的除菌剂。

表 1-10　头孢曲松钠对小黑杨叶片分化的影响

头孢曲松钠浓度/(mg/L)	外植体叶片数	愈伤组织诱导率/%	叶片分化率/%
0	46	93	93
100	48	100	67
150	54	96	33
200	46	87	39
250	46	96	47
500	46	0	0
750	50	0	0
1000	44	0	0
1250	44	0	0

1.2.4　AgNO$_3$ 对小黑杨叶片分化的影响

AgNO$_3$ 应用于遗传转化实验已有许多报道（钟名其等，2002；张智奇等，1999），但尚未见在杨树的遗传转化中的报道。实验表明，AgNO$_3$ 浓度在 1.0～3.0mg/L 范围内对小黑杨花粉植株叶片分化率的影响不大；浓度为 3.0mg/L 时，叶片分化率为 89%，略高于未经 AgNO$_3$ 处理的对照组（表 1-11），这再次证明 AgNO$_3$ 不仅能有效地抑制农杆菌的生长，而且对植物叶片分化也有一定的促进作用（孙清荣等，1998）。根据实验结果我们确定使用 AgNO$_3$ 作为小黑杨花粉植株选择培养除菌剂的适宜浓度为 3.0mg/L。

表 1-11　AgNO$_3$ 对小黑杨叶片分化的影响

AgNO$_3$ 浓度/(mg/L)	外植体叶片数	愈伤组织诱导率/%	叶片分化率/%	褐化率/%
0	59	97	86	0
1.0	46	96	87	4
1.5	46	96	70	4
2.0	52	96	85	4
2.5	68	94	76	6
3.0	56	96	89	4

1.3 农杆菌介导的小黑杨转基因体系的建立

农杆菌介导的遗传转化方法的优点是能够转移较大的 DNA 片段，转基因拷贝数较低，结构变化较小，在转基因表达和遗传稳定性方面具有明显的优越性，而且操作简单、成本低。该方法在农作物、林木等植物的遗传转化中被广泛应用（程贵兰，2004）。然而，农杆菌介导法的基因转化频率较低。因此，进一步加强对该转化体系的研究具有重要意义。

本研究的章鱼碱型根癌农杆菌（*Agrobacterium tumefaciens* octopine）菌株为 EHA105，内含植物表达载体 pRBA 质粒（由山东师范大学张慧教授馈赠）（图1-1），该质粒携带 *betA* 基因和 *npt II* 基因，启动子为 CaMV35S，终止子为 NOS。*betA* 基因编码胆碱脱氢酶，该酶具胆碱单加氧酶（choline monooxygenase，CMO）和甜菜碱醛脱氢酶（betaine aldehyde dehydrogenase，BADH）的功能，可一步催化胆碱生成甘氨酸甜菜碱。本研究探索了农杆菌介导法转化小黑杨叶片的各种影响因素，以确定农杆菌介导转化小黑杨叶片的简单、高效的遗传转化体系。

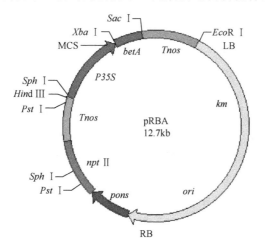

图1-1 植物表达载体 pRBA 结构（彩图请扫封底二维码）

LB. left boundary，左边界；RB. right boundary，右边界

1.3.1 不同处理对小黑杨遗传转化的影响

1.3.1.1 受体材料的生理状态对遗传转化的影响

小黑杨遗传转化研究结果显示，叶片在生根培养基上连续 2 次生根，色泽较深、较大的叶片转化率较高。过于幼嫩的小叶由于对抗生素的耐受性较弱，在选

择、除菌培养基上其分生能力受到限制，在遗传转化中不宜作为转化受体。而大叶片相对来说比较成熟，对抗生素也具有一定的耐受性。同时大叶片相对来说比较肥厚，非转化细胞对转化细胞具有一定的滋养作用，从而有助于转化细胞分化成芽。同时还应注意叶片的大小、形状和色泽应基本一致，从而确保其在生理、生化状态上基本保持一致，这样才能获得最高的再生和转化效率。

1.3.1.2　预培养时间对遗传转化的影响

预培养是指将外植体在接种转化前离体培养一段时间。预培养有利于提高外源基因的瞬时表达，可以促进细胞分裂，分裂状态的细胞更容易整合外源 DNA，从而提高外源基因的转化率(孙洁等，2007)。因此，我们对小黑杨叶片分别进行了 2 天、3 天和大于 3 天的预培养实验，并设置对照，结果表明，预培养 3 天当叶片边缘开始形成愈伤组织状的膨大时，进行侵染的转化效果较好。若预培养时间过长，边缘细胞开始进行芽分化，抗生素不能对其进行有效抑制而造成大量假阳性苗。不经预培养直接用于侵染的对照组，可能因农杆菌的毒害作用，易造成从切口处开始逐渐褐化死亡。实验表明，小黑杨叶片的预培养时间以 3 天为宜。

1.3.1.3　侵染时间对遗传转化的影响

农杆菌侵染时间的长短也是影响转化率的一个重要因子，根据前人的实验基础和经验，设定菌液浓度为 $OD_{600}=0.2$，分别设定不同的侵染时间来观察其对转化效果的影响(表 1-12)。侵染时间在 1min 左右，转化效果极差，共培养时无农杆菌的生长迹象，在选择培养基上叶片分化率为 0。最初的几批转化由于菌液浓度低(OD_{600} 为 0.14~0.18)、侵染时间过短(1min 左右)而失败，没有获得卡那霉素抗性芽。侵染时间为 3min 时，遗传转化率极低，仅为 0.3%，产生的卡那霉素抗性芽很少，最终只获得 1 株转化苗。侵染时间为 8min 时，遗传转化率为 2.1%，分化叶片数明显增加。侵染 15min 时，遗传转化率达 4.1%，最终获得 7 株转化苗。由此可见，工程菌液浓度一定时，在一定时间范围内，随着侵染时间的延长，转化率逐渐提高。但超过 20min 时，由于农杆菌液的毒害作用，转化率反而会降低。比较上述实验结果，农杆菌侵染小黑杨叶片的适宜时间为 15min。

表 1-12　侵染时间对遗传转化的影响

侵染时间/min	外植体数	外植体分化数	转化率/%
1	100	0	0
3	300	79	0.3
8	288	44	2.1
15	172	66	4.1
30	131	12	0

1.3.1.4　乙酰丁香酮对遗传转化的影响

根癌农杆菌只能感染植物的损伤部位,在植物细胞损伤和修复过程中,植物细胞会释放一些化学诱导物,这些诱导物可以通过外膜蛋白将环境中的植物损伤信号传递到根癌农杆菌细胞内,最终引起 *vir* 基因的表达和转移 DNA(transfer DNA,T-DNA)的转移,这些诱导物中效果最佳的为乙酰丁香酮(董喜才等,2011)。为研究乙酰丁香酮对小黑杨转化是否有促进作用,在农杆菌经培养至对数生长期后,取 2%菌液转接至不含激素的 MH 液体培养基中,加入乙酰丁香酮的终浓度为 500μmol/L,对照中不加乙酰丁香酮,研究其对转化效果的影响。结果表明,再培养的时间可影响乙酰丁香酮的诱导效果。若转接后不再进行培养而直接加入乙酰丁香酮进行侵染,则乙酰丁香酮起不到诱导效果,和对照没有区别;若乙酰丁香酮转接到液体培养基后再继续培养 3~6h,则诱导转化率明显提高,抗性芽获得率为 0.67%,而对照组最终没有获得抗性芽;若乙酰丁香酮转接到液体培养基后再继续培养 9h 或过夜培养,则转化率最高,抗性芽获得率达 4.1%。当然在不同批次的转化中,诱导效果是有差别的。

1.3.1.5　共培养时间对遗传转化的影响

外植体与农杆菌接种后的共培养,在整个转化过程中是一个非常重要的环节。在共培养阶段,携带有目的基因的 T-DNA 在根癌农杆菌体内完成加工、向植物细胞转移,从而整合进植物基因组。所以,共培养技术条件的掌握是成功转化的关键因素之一(蒋盛军等,2004)。共培养时间对转化效率有很大影响,不同转化材料或不同菌株类型所需的最佳共培养时间不同。共培养时间过短,农杆菌尚未附着,T-DNA 还没有充分切割、转移和整合;时间过长,植物细胞易受毒害,后继培养时难以除菌,农杆菌容易过度生长。因此,共培养时间的长短,直接影响目的基因的整合及转化细胞的数量,从而影响转化效率(李学宝等,1999)。有研究表明,农杆菌附着受伤叶片后并不能立即转化,只有在创伤部位生存 16h 后的菌株才能诱发肿瘤,这段时间称为"细胞调节期",因此共培养时间必须长于 16h(王关林等,2004)。

研究中发现,随着共培养时间的延长,外植体分化率随之提高(表 1-13)。共培养 5 天或更长时间,外植体分化率明显提高,最高可达 38%左右,但卡那霉素抗性芽获得率并不高。长时间共培养产生的芽,大多数在筛选过程中变黄、变白,最终死亡。而在共培养时间比较短的情况下,大多数再生苗为卡那霉素抗性苗,假阳性个体较少。共培养 2 天时,外植体分化率较低,卡那霉素抗性芽获得率为 0.48%左右;共培养 4 天时,外植体在选择培养基上的分化数目增加,抗性芽获得率为 4.07%。因此,小黑杨的最佳共培养时间是 4 天。

表 1-13　不同共培养时间对产生卡那霉素抗性芽的影响

共培养时间/天	外植体数	外植体分化数	抗性芽数	抗性芽获得率/%
2	210	9	1	0.48
3	288	18	6	2.10
4	172	66	7	4.07
>4	290	116	0	0

注：菌液浓度 $OD_{600}=0.2$

周冀明等(1997)认为，不能从共培养时间的长短来判断共培养是否成功，有时因温度、菌液浓度及其他因素的影响，3 天后并未出现微菌落，此时转入筛选培养基的材料一般不能筛选出抗性芽，其再生率低于 1%，而出现肉眼可见的菌落后筛选的材料具有较高的再生频率。实验表明这一说法是比较合理的。

1.3.1.6　小黑杨叶片脱菌方法的建立

共培养后的外植体表面及浅层组织中存在大量农杆菌，为了后继培养研究必须进行脱菌培养。我们分析了更换脱菌培养基间隔时间对脱菌效果的影响，发现每天更换 1 次培养基效果最好，即使这样，30 天后也只剩余 18.8%的叶片，但基本抑制了农杆菌的生长，如果把剩余叶片放入无头孢唑林钠的培养基中，则几天后叶片全部长满农杆菌，这可能是因为农杆菌已侵入叶片的组织内部，抗生素很难将其全部杀死；待有菌落出现时更换脱菌培养基的方法最不可取，在第 21 天时统计结果显示，所有叶片都已染菌且无法脱菌。实验分析发现：开始时农杆菌对头孢噻肟钠较敏感，第 1 次脱菌后，第 4 天或第 5 天才看到农杆菌菌落的产生，但随着培养时间的延长，农杆菌也越来越难除掉，农杆菌有时会在一些叶片表面形成小菌落，此时即使头孢噻肟钠的量加到 1200mg/L 也不能抑制其生长；如果在脱菌的第 15 天左右时不能有效抑制农杆菌的生长，以后也很难抑制其生长；伤口多的叶片脱菌较难。综合分析，最佳脱菌流程为：前 15 天以内每天更换一次培养基，以后为了避免给叶片造成较多的伤口，每 3 天左右更换一次培养基(表 1-14)。实验中发现，在一定浓度范围内，$AgNO_3$ 试剂不仅抑菌效果好，而且能够显著促进离体叶片再生不定芽。

表 1-14　更换脱菌培养基间隔周期对脱菌效果的影响

更换培养基间隔时间	总叶片数	剩余叶片数	剩余叶片百分比/%
无间隔	160	30	18.8
1 天	182	10	5.5
3 天	149	1	0.7
有菌落出现时更换	153	0	0

1.3.1.7 培养基 pH 对遗传转化的影响

研究认为培养基 pH 对农杆菌质粒 *Vir* 基因的活化有着明显的影响(王关林和方宏筠，2002)，而 *Vir* 基因的活化又是影响转化率的重要因素，较高的 pH 不利于 *Vir* 基因的活化。例如，当农杆菌培养 pH=7.2 时，这时旺盛生长的菌株其 *Vir* 基因均处于不活化状态；pH<6.0 时有利于 *Vir* 基因的活化(王瑶等，1999；成细华等，2000)，从而可提高转化率，并且不同的菌株对 pH 的要求也不尽相同。研究表明，pH=5.0 和 pH=6.0 没有显著差异，pH=6.0 时，LBA4404/pROKⅡ菌株 *Vir* 基因仍处于活化状态(表 1-15)。郝贵霞等(1999)也认为，在共培养时，若培养基中加入乙酰丁香酮，当 pH 较低(4.8～5.0)时效果明显；而不加乙酰丁香酮时，pH=4.8～5.0 与 pH=5.8 对转化率的影响无明显差异。

表 1-15 培养基 pH 与转化率的关系

培养基 pH	总叶片数	分化的叶片数	转化率/%
5.0	189	2	1.06
6.0	173	2	1.16

1.3.2 小黑杨卡那霉素抗性芽的筛选

转化过程中多数叶片逐渐褐化、变白，最终死亡，少数叶片产生卡那霉素抗性芽，抗性芽一般为绿色或黄绿色，也有个别呈白化状，白化状芽经短期的生长后完全停止生长并死亡。多数绿色或黄绿色芽选择培养后一直保持绿色或浅绿色，且分生正常，待其成苗后将叶片切下放入含 50mg/L 卡那霉素、500mg/L 头孢唑林钠的分化培养基中重新诱导，所有叶片都能正常分化，而对照则完全不能分化。同时实验证明，在重新选择诱导分化时，培养基内必须加入抑菌抗生素(尤其是诱导分化初期)，否则可能出现农杆菌的再次污染，并且此时农杆菌生长迅速、对抗生素不敏感，这是因为有些农杆菌共生在维管束和细胞间隙中，抑菌抗生素不能有效将其完全杀死，如撤掉抑菌抗生素后它们将迅速生长。

1.3.3 转化株系的扩繁与生根

经过检测的转化组培苗在含 50mg/L 卡那霉素的继代培养基(MH+0.1mg/L 6-BA+0.05mg/L NAA+20g/L 蔗糖)中分生旺盛，并在短短的两三个月里形成大量的无根苗。将经过检测的转基因苗进行继代扩繁，取苗高超过 2cm 的无根苗，转入含 30mg/L 卡那霉素或 10mg/LG418 的生根选择培养基(1/2MH+0.2mg/L IBA+30mg/L 卡那霉素+500mg/L 头孢唑林钠+20g/L 蔗糖)中进行生根培养，并设置对照。10 天后在幼苗基部有白色绒毛状细根长出，21 天左右幼苗长出 1～2cm 的较粗壮的不定根，而对照则不能生根。在塑料大棚炼苗 3～4 天后，种植于草炭土与沙子等量混合的基质中，保持 90%左右的相对湿度，约 2 周后新根长出即可成活，成活率达 99%。

1.4 确定小黑杨遗传转化体系

通过对影响小黑杨遗传转化的抗生素浓度、预培养时间和共培养时间等进行研究，发现通过农杆菌介导法对小黑杨进行遗传转化时，头孢噻肟钠除菌剂的适宜浓度为 200mg/L；$AgNO_3$ 除菌剂的适宜浓度为 3.0mg/L；最佳选择剂为卡那霉素，其选择浓度的下限为 20mg/L。

小黑杨叶片高效遗传转化体系的建立：选取无菌苗上充分展开的、深绿色的、大小形状基本一致的叶片，切成0.5cm×0.5cm的小块，在不含选择剂的分化培养基上预培养3天。然后将其浸泡在工程菌液(OD_{600}=0.2)中15min，在这一过程中可轻轻摇动菌液，使每一叶切片均能与根癌农杆菌充分接触。取出后用无菌滤纸将多余的菌液吸干。先将其置于不含选择剂的分化培养基上共培养4天，再转置于含50mg/L卡那霉素、500mg/L头孢唑林钠的脱菌分化培养基上脱菌选择培养，每15天继代1次。在光照下培养，室温在25±2℃。20～25天后开始分化产生不定芽。

农杆菌介导法主要包括整体植株接种共感染法、叶盘转化法和原生质体共培养转化法，其中叶盘转化法是最方便、最成功的遗传转化方法，该方法由McCormick等(1986)发明，并得到了广泛应用，改良的叶盘法可适用于其他外植体，如茎段、叶柄、胚轴、子叶，甚至萌发的种子等。

植物的遗传转化是进行植物遗传操作的一个重要环节，甚至在某种意义上来讲是一个制约因素。遗传转化是植物基因工程的第一步，由此可见其在遗传操作中的重要性。因此，建立一个有效的遗传转化体系是植物基因工程的基本前提。目前虽然已获得了许多植物的转基因植株，但实际上是进行了大量的重复实验而仅得到少数几个转化克隆体，较低的转化效率成为植物基因工程发展的主要限制因子之一。转化效率低主要表现在重复性差、随机性大等。因此，提高转化效率、建立高效的基因转化系统仍然是有待解决的问题。

建立高频再生基因转化受体系统是遗传转化的基础，外植体的再生频率至少在 90%以上，每块外植体能够尽可能地分生较多的丛生芽，这样获得转基因植株的可能性就较高。但应该注意到，可再生细胞部位与转化感受态细胞部位不一致，导致假转化体的出现和转化效率降低的现象。本实验以小黑杨组培苗叶片为转化受体，充分展开、颜色深绿的发育较老的叶片比幼嫩的叶片具有更高的转化感受态。林木遗传育种国家重点实验室(东北林业大学)曾对小黑杨叶片、叶柄和茎段作了比较，发现以叶柄和茎段作转化外植体时，由于叶柄和茎段分生能力极强，7天左右即开始出现分化芽，对卡那霉素也不敏感且抗性不均一，卡那霉素为

110mg/L 时仍有部分外植体分化，实验过程中易出现大量的假阳性现象，因而其不适合作转化外植体。而以叶片作转化外植体则无此现象，因此，本实验采用的是小黑杨叶片作为转化外植体。

农杆菌介导的遗传转化系统受多个因素的影响，寻找多个因素的最佳组合是人们不断追求的目标。Vir 基因的活化是农杆菌 Ti 质粒基因转化阀域，Vir 基因的活化直接调控着 T-DNA 的转移。人们研究发现，多种物质有利于 Vir 基因的活化，乙酰丁香酮和羟基乙酰丁香酮是常见的 Vir 基因诱导物，培养基中的糖或高浓度的肌醇也可促进 Vir 基因的表达；另外有人在苹果叶片转化中发现，在添加乙酰丁香酮的同时加入诱导稳定剂甜菜碱(1mol/L)或脯氨酸(1μmol/L)对 Vir 基因的活化有协同作用(王关林等，2004)。同样，有些物质能抑制 Vir 基因的活化，例如，培养基中的 $CoCl_2 \cdot 6H_2O$ 不利于 Vir 基因的活化，共培养期间应去掉培养基中的 $CoCl_2 \cdot 6H_2O$(郝贵霞等，1999)。许多研究表明，pH 也是影响 Vir 基因活化的重要因子，通常农杆菌培养时 pH 为 7.2 左右，此时 Vir 基因处于不活化状态；而低的 pH(pH 为 5.2 左右)能促进 Vir 基因的活化，乙酰丁香酮对 Vir 基因的诱导在 pH 为 5.0～5.6 时达到最高水平(王关林等，2004)，同时也应注意不同的菌株对 pH 的要求也不相同。本实验发现，pH 为 5.0 与 pH 为 6.0 时无明显差别，这说明 pH 为 6.0 时此菌株的 Vir 基因处于活化状态。通常培养基高温灭菌后 pH 略有下降，MH 培养基高温灭菌 15min 后 pH 下降 0.3 左右，因此，在配制培养基时应做适当的调整。另外，Vir 基因的活化还与农杆菌培养的温度有关，一般要求共培养温度保持在 28℃以下；当温度超过 28℃时，质粒 Vir 基因不活化；当温度超过 30℃时，将发生质粒丢失，不发生转化(郝贵霞等，2000)。

侵染时间长短、工程菌液浓度大小都能影响转化率，侵染时间过长及工程菌液浓度过高会造成脱菌困难和叶片褐化的加重(王瑶等，1999)。实验中发现预培养是必要的，它能使伤口处产生愈伤，形成大量分生旺盛的细胞，并进行脱分化，而此时的细胞正处于转化的敏感期，同时预培养能显著减轻农杆菌对叶片的毒害作用，因而能够有效地减轻褐化现象。

除菌剂的脱菌效果与转化率有着重要的关系，选择有效的抗生素进行脱菌则可以起到事半功倍的效果，现在较常用的抑菌抗生素是头孢类抗生素和羧苄青霉素。王勇等(1996)发现羧苄青霉素对桑子叶诱导不定芽的影响比头孢类抗生素小；张松等(2000)发现羧苄青霉素相对头孢类抗生素对白菜诱导分化的影响较小并能缩短分化时间；刘宏波等(2011)在甘蓝研究中发现，羧苄青霉素抑制根分化，头孢类抗生素抑制芽分化。关于抑菌抗生素的使用浓度，不同报道的结论也不同，这主要是因其对外植体分化的影响大小而定，一般要求是在能抑制农杆菌的前提下尽量降低使用浓度。本实验对 3 种头孢类抗生素和 $AgNO_3$ 抑菌能力的比较表明，头孢噻肟钠和头孢曲松钠抑菌效果较好，头孢唑林钠次之。综合除菌剂对外植体叶片分化的影响实验结果表明，不宜用头孢曲松钠作为小黑杨选择培养的除菌剂，确定头孢噻肟钠作为除菌剂的适宜浓度为 200mg/L，$AgNO_3$ 作为除菌剂的适宜浓度为 3.0mg/L。也有人将几种抗生素合并使用，效果也很好。为了防止农杆菌的过度增殖，可适当加大培养基中琼脂的含量或在共培养培养基上放一层无菌滤纸（黄健秋等，2000），都可以起到理想的效果，但是应注意无菌滤纸对外植体的分化有一定的抑制作用。如果在共培养期间农杆菌增殖过快，需在共培养期间更换培养基，共培养结束后也可用含抑菌抗生素的无菌水冲洗叶片，不过在脱菌后期用含抑菌抗生素的无菌水冲洗叶片效果不明显，且易造成相互感染。在脱菌操作时还应将基本抑制菌生长的外植体与其他外植体隔离操作，并做到对镊子的及时消毒，避免相互传染，产生的抗性芽应及时移出，单独培养。在抗性芽的扩繁及生根过程中，应一直使用抑菌抗生素，以防止存在于植物组织内的农杆菌再度大量增殖。

关于选择的方法有许多报道，如果按照选择压力加入的时期不同可分为 3 种：前期选择、延迟选择和后期选择。采用前期选择有利于转化细胞对非转化细胞的竞争，提高转化率，同时减少嵌合体和假阳性的产生。本实验主要采用前期选择方法进行选择，得到的卡那霉素抗性芽除白化状苗以外，都能在选择压力下继续正常生长，且 PCR 检测均能得到特异性扩增条带，证实为转化体；同时证明白化状芽（苗）并非嵌合体，而是假阳性。采用后期选择可让非转化细胞和转化细胞同时生长，然后进行选择，这样可充分利用非转化细胞对转化细胞的滋养作用，这也是有理论依据的，因为转化体较对照而言虽有很强的选择剂抗性，但是在转化初期离不开非转化细胞的滋养，这也解释了筛选转化体时加入选择剂的原则：在抑制非转化细胞分化的前提下尽量降低浓度，而不应杀死非转化细胞，后期选择最大的弊端是假阳性和嵌合体太多，后期筛选极为困难。延迟选择指适当延长加入选择压力的时间，这样既有利于转化细胞生长又不会产生太多的嵌合体。以上 3 种选择方法各有利弊，不同的植物应根据实际情况选用不同的选择方法。

农杆菌介导转化要经过几个步骤：外植体接种农杆菌、与农杆菌共培养、外植体在选择脱菌培养基上的筛选培养。为此，要保证转化细胞的正常生长就必须做到合理地掌握接种的数量、时间和共培养时间，还要注意解决瞬时表达率高与随后而来的细菌增殖所导致的外植体不能生长的矛盾。一些幼嫩的外植体经农杆菌处理后不能生长分化，恰当时间的预培养可以减轻农杆菌对外植体的胁迫伤害，调整植物细胞至最佳感受态，从而更有利于农杆菌的感染。延长共培养的时间有利于提高侵染转化率，但也往往会造成假阳性增高。因此，确定一个合理的共培养时间是非常重要的。本研究通过长期实验得出小黑杨叶片转化相对平衡的共培养时间是 4 天。获得的转基因苗应尽快使其生根，移植到营养钵或温室大棚中。长期的培养基继代培养往往会造成转化苗的老化乃至停止生长。这可能是由于转化苗本身生理生化代谢负荷增大，不能长期忍受选择剂的毒害作用。另外，长期的激素作用也容易导致一些物种组培苗的老化。

2 转 *betA* 基因小黑杨研究

甜菜碱作为次生代谢产物在植物中起到渗透调节作用，进而提高植物的耐盐性。许多高等植物，特别是藜科和禾本科植物，在干旱或盐胁迫下，以胆碱为底物，由胆碱单加氧酶(CMO)和甜菜碱醛脱氢酶(BADH)两步催化合成甜菜碱(Hanson and Hitz，1982；McCue and Hanson，1990)。由于胆碱代谢途径的中间产物甜菜碱醛是抑制植物生长的有毒物质，而 BADH 则可直接利用此底物，从而解除它对植物生长的抑制，因而关于 BADH 的研究较多(梁峥等，1997；刘凤华等，1997；何锶洁等，1999；郭北海等，2000；李银心等，2000；江香梅等，2002)。另外，存在于微生物和哺乳动物中的胆碱脱氢酶(choline dehydrogenase，CDH)具有胆碱单加氧酶与甜菜碱醛脱氢酶两种酶的功能，能够催化甜菜碱合成的两个连续反应，既能以胆碱为底物，也能以甜菜碱醛为底物进行甜菜碱的合成，因此，编码胆碱脱氢酶的 *betA* 基因被广泛用于植物的耐盐转基因研究(Lilius et al.，1996；Holmstrom et al.，2000；王淑芳等，2001；白爽等，2006；刘桂丰等，2006a，2006b；穆怀志等，2009)。本研究在建立小黑杨遗传转化体系的基础上，对转 *betA* 基因小黑杨进行了分子检测和耐盐性分析。

2.1 转 *betA* 小黑杨的获得

2.1.1 转 *betA* 小黑杨抗性不定芽的获得

小黑杨叶片经农杆菌 EHA105(pRBA)侵染后，置于卡那霉素选择培养基上培养 3 周，结果表明转 *betA* 植株的叶片能够正常生长，并且在切口处长出大量的绿色小芽点，最终发育成丛生苗。而非转基因苗的叶片则变黄、变枯，甚至死亡。转化的小黑杨叶片在卡那霉素选择培养基上培养 20 天后，叶片的分化率达84.4%(表 2-1)。由于 *betA* 与 *AphA2* 串联在一起，转化植株叶片卡那霉素抗性的表达可初步证明 *betA* 已经整合到小黑杨基因组中。

表 2-1   选择培养基上转 *betA* 叶片与非转基因叶片的分化率比较

株系	接种的叶片数	分化的叶片数	分化率/%
转 *betA* 植株	45	38	84.4
非转基因植株 1	16	0	0
非转基因植株 2	30	27	90.0

注：转基因植株叶片及非转基因植株 1 叶片接种在选择培养基上，非转基因植株 2 叶片接种在非选择培养基上

2.1.2　转 *betA* 小黑杨 PCR 检测

　　将在选择培养基上获得的抗性苗经过诱导生根和炼苗后移栽到温室，先后获得 22 个转基因株系，命名为 TB1～TB22。对转 *betA* 的 22 个株系分别随机各取 1 株，以其叶片总 DNA 为模板，用 *betA* 特异引物进行 PCR 扩增，所检测的转 *betA* 小黑杨均获得了 1.7kb 的特异扩增条带，初步证明 *betA* 已整合进小黑杨基因组中，部分再生植株的扩增结果见图 2-1。

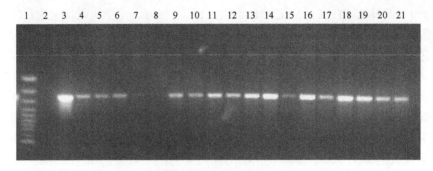

图 2-1　转基因小黑杨 *betA* 的 PCR 扩增

1. DNA Marker；2. 阴性对照；3. pRBA 质粒；4～21. 转基因植株

　　在选择过程中出现了一些呈白化状的卡那霉素抗性芽，提取呈白化状抗性芽植株的总 DNA，也进行了 PCR 检测，结果无特异性扩增条带出现，这说明它们并非嵌合体而是假阳性。出现假阳性的原因较多，这可能与取材有关，例如，取材前有些叶片由于接触培养基吸收较多的营养而处于旺盛的分化阶段，能在短时间内突破选择压力；也可能是在选择诱导分化的某段时间内，分化部位没有受到足够的选择压力，例如，没有接触到选择培养基。

2.1.3　转 *betA* 小黑杨 Southern 杂交

　　首先将 pRBA（*betA*）质粒 DNA 经 *Xba* I 和 *Sac* I 双酶切得到 1.7kb 的片段，用地高辛标记试剂盒标记，使其成为探针，进行下一步的 Southern 斑点杂交检测。选取 22 株转 *betA* 小黑杨进行 Southern 斑点杂交检测，从图 2-2 中可以看出，阳性对照出现强烈的杂交信号，未转基因植株呈阴性反应，22 个转基因植株与 *betA* 探针杂交均呈阳性反应。

　　在斑点杂交的基础上，我们又对前 10 株转基因小黑杨进行了 Southern 印迹杂交检测（图 2-3），杂交结果显示：阳性对照及转基因植株 TB1、TB2、TB5、TB7 与 *betA* 探针杂交呈阳性，获得了 1.7kb 的杂交条带。其他的转基因植株与探针杂交无杂交条带产生。在上述的 PCR 检测和斑点杂交中，所有的转基因植株均为阳性，而印迹杂交仅检测到 4 株阳性植株，其他的抗卡那霉素植株均呈阴性反应，这可能是因为转基因植株为嵌合体，非放射性同位素标记探针的灵敏度较低，导致 Southern 印迹未能检出。

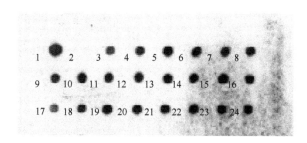

图 2-2　转 *betA* 小黑杨 Southern 斑点杂交检测

1. pRBA 质粒(阳性对照)；2. 阴性对照；3～24. 转基因植株

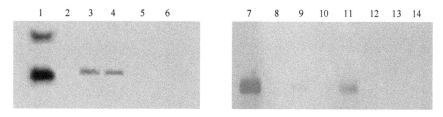

图 2-3　转 *betA* 小黑杨 Southern 印迹杂交检测

1、7. pRBA 质粒(阳性对照)；2、8. 阴性对照；3. TB1；4. TB2；5. TB3；6. TB4；9. TB5；10. TB6；11. TB7；12. TB8；13. TB9；14. TB10

2.2　转 *betA* 小黑杨耐盐性分析

选取生长正常的 9 个转 *betA* 小黑杨株系(TB1、TB2、TB3、TB4、TB5、TB6、TB7、TB8、TB9)和 1 个非转基因株系(CK)，每个株系剪取若干插条分别扦插于塑料桶内，放入温室中培养。扦插用的基质为草炭土和沙子按 3∶1 均匀混合而成。待扦插苗的高度为 0.6m 左右时，从每个株系中均选择大小相同的苗木 15 株，分别进行 0mol/L、0.10mol/L、0.14mol/L、0.17mol/L 和 0.20mol/L 等 5 个水平的 NaCl 溶液胁迫处理，每 2 天浇灌 1 次，每个水平重复 3 次。在 NaCl 处理的第 2 天、第 7 天、第 12 天、第 17 天、第 22 天取叶片测定甜菜碱含量，并对测定结果进行方差分析和动态变化分析。

选取 11 个转 *betA* 小黑杨株系(TB1、TB4、TB5、TB6、TB7、TB8、TB10、TB11、TB12、TB13、TB14)和 1 个非转基因株系(CK)的一年生扦插苗根在大庆

市林原镇新华六队的轻度盐碱地造林，试验按完全随机区组设计，重复 4 次，采用 8 株小区 4 行排列，株行距 2m×3m，周围设置 3 行保护行。通过测定树高、胸径、材积和保存率，综合分析其耐盐性。

2.2.1　NaCl 胁迫下转 *betA* 小黑杨甜菜碱含量的比较

对 9 个转基因株系和 1 个非转基因株系，经 4 种 NaCl 浓度处理，测定 5 个不同时间的甜菜碱含量。方差分析表明，不同株系、不同 NaCl 浓度、不同胁迫时间的小黑杨甜菜碱含量差异达到极显著水平(表 2-2)。另外，株系×NaCl 浓度、株系×胁迫时间、NaCl 浓度×胁迫时间两者之间及株系×NaCl 浓度×胁迫时间三者之间存在极显著的交互作用。各转基因株系在不同的 NaCl 胁迫条件及不同处理时间下，甜菜碱含量均有不同变化，反映出基因型与环境互作的复杂性。

表 2-2　NaCl 胁迫下小黑杨甜菜碱含量的方差分析

变异来源	自由度	平方和	均方	F
株系	9	0.0638	0.0071	8.58**
NaCl 浓度	4	0.0180	0.0045	5.46**
胁迫时间	4	0.5786	0.1446	175.11**
株系×NaCl 浓度	36	0.0518	0.0014	1.74**
株系×胁迫时间	36	0.0815	0.0023	2.74**
NaCl 浓度×胁迫时间	16	0.0464	0.0029	3.51**
株系×NaCl 浓度×胁迫时间	144	0.1813	0.0013	1.52**
误差	500	0.4130	0.0008	—
总变异	749	1.4345	—	—

*表示在 $P=0.05$ 水平差异显著，**表示在 $P=0.01$ 水平差异显著，全书同

2.2.2　非胁迫下转 *betA* 小黑杨甜菜碱含量的时序变化

在非胁迫条件下，22 天内 5 次测定了 9 个转基因株系和 1 个非转基因株系的甜菜碱含量，发现转基因株系与非转基因株系的甜菜碱含量均呈现出增高—降低—再增高—再降低的变化趋势，但非转基因株系的甜菜碱含量始终低于转基因株系(图 2-4)，说明转入的外源胆碱脱氢酶基因已经表达。另外，从图 2-4 可以看出，随着转基因小黑杨的生长发育，甜菜碱含量有逐渐增加的趋势；而非转基因株系的甜菜碱含量增加得不明显。

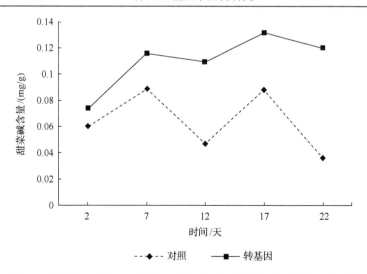

图 2-4 非胁迫下转 *betA* 株系与非转基因株系甜菜碱含量的时序变化

2.2.3 NaCl 胁迫下转 *betA* 小黑杨甜菜碱含量的时序变化

在不同浓度 NaCl 胁迫下，9 个转基因株系的甜菜碱含量随胁迫时间的延长呈增加的趋势(图 2-5)，这种变化趋势与非胁迫下的甜菜碱含量变化趋势相同。然而，NaCl 浓度并不影响甜菜碱含量。在 4 种 NaCl 浓度下，转基因株系的甜菜碱含量没有明显的变化，第 22 天时最低为 0.1464mg/g，最高为 0.1662mg/g。

非转基因株系的甜菜碱含量在低浓度 NaCl 胁迫下增加不明显，在高浓度 NaCl 胁迫下略有增加(图 2-5)。不同转基因株系在不同浓度 NaCl 胁迫下的平均甜菜碱含量均高于非转基因株系(图 2-6)，该结果表明 NaCl 可诱导胆碱脱氢酶基因的表达，这与前人的实验结果相同(梁峥等，1996；侯彩霞和汤章城，1999)。9 个转基因株系甜菜碱含量的平均值比非转基因株系高 27.1%。其中，TB3 株系的甜菜碱含量最高，比非转基因株系高 39.1%；TB5 株系的甜菜碱含量虽然最低，但也比非转基因株系高 19.6%。

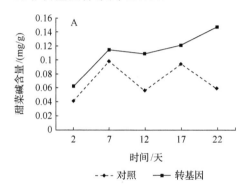

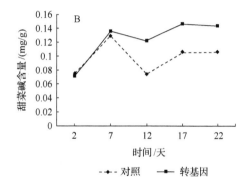

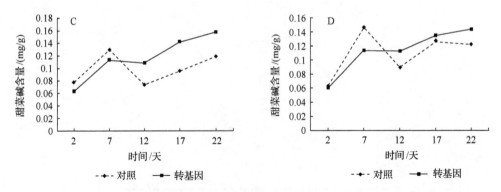

图 2-5　不同浓度 NaCl 胁迫下转 *betA* 株系与非转基因株系甜菜碱含量的时序变化
A. 0.10mol/L；B. 0.14mol/L；C. 0.17mol/L；D. 0.20mol/L

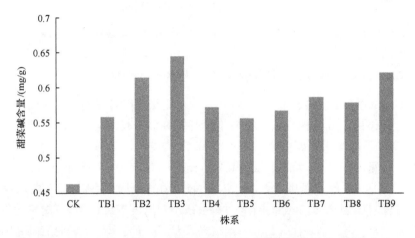

图 2-6　NaCl 胁迫下转 *betA* 基因株系与非转基因株系的甜菜碱平均含量

2.2.4　转 *betA* 小黑杨在轻度盐碱地的生长表现

2.2.4.1　*betA* 基因的 PCR 检测

转 *betA* 小黑杨在轻度盐碱地造林 4 年后，对 11 个转基因株系分别进行 PCR 检测(图 2-7)。结果显示 11 个转基因株系均获得了特异性扩增条带，而非转基因株系未扩增出任何片段，说明转基因小黑杨外源基因稳定，目前尚未出现 *betA* 丢失现象。

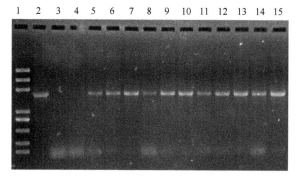

图 2-7 轻度盐碱地转 *betA* 小黑杨 PCR 检测电泳图谱

1. DNA Marker；2. 阳性对照；3. 阴性对照；4. 非转基因株系；5～15. 转 *betA* 基因株系

2.2.4.2 优良耐盐转基因小黑杨的获得

方差分析表明，不同小黑杨株系间树高、胸径、材积和保存率的差异均达到了极显著水平(表 2-3)，说明株系选择是有效的。在此基础上，采用 Duncan 检验法对 11 个转基因株系+1 个 CK 株系的树高、胸径、材积和保存率等 4 个生长性状进行多重比较，并采用模糊数学中的隶属函数法进一步进行优良系的选择，发现在树高、胸径和材积方面，TB1 株系表现最好，分别超过各株系平均值的44.67%、51.30%和 97.77%，分别超过最差 TB10 株系的 185.91%、224.03%和594.12%，分别超过非转基因 CK 株系的 14.74%、18.81%和47.50%；在保存率方面，TB6 株系表现最好，超过各株系平均值的 54.37%，超过最差 TB10 株系的222.22%，超过非转基因 CK 株系的9.14%。通过采用隶属函数法进行优良耐盐株系选择可以看出：TB1 株系的隶属函数值最大，达到 0.9625，分别比各株系平均值和非转基因株系值高出 97.80%和25.16%；因此，可以确定 TB1 株系为耐盐最优株系，TB10 株系为耐盐最差株系。另外，TB6 和 TB8 株系的隶属函数值也高于非转基因株系，可以将其确定为优良耐盐株系(表 2-4)。

表 2-3 轻度盐碱地小黑杨各性状的方差分析

性状	自由度	平方和	均方	F
树高	11	408.155	37.105	77.323**
胸径	11	527.815	47.983	53.265**
材积	11	2.376×10^{-3}	2.160×10^{-4}	39.386**
保存率	11	2.557	0.232	6.790**

表 2-4　轻度盐碱地小黑杨各性状的平均值和隶属函数值

	树高/m		胸径/cm		材积/m³		保存率/%		隶属函数值
TB10	2.2667a	TB10	2.0333a	TB10	0.0017a	TB10	28.1250a	TB10	0.0000
TB11	2.7000ab	TB11	2.3778a	TB11	0.0020a	TB11	28.1250a	TB11	0.0520
TB14	2.8778bc	TB14	2.5000ab	TB7	0.0023ab	TB14	28.1250a	TB14	0.0817
TB7	3.0500bcd	TB7	2.7000abc	TB14	0.0025abc	TB7	38.3925ab	TB7	0.1390
TB4	3.4857d	TB4	3.3214cd	TB4	0.0035abc	TB4	43.7500ab	TB4	0.2501
TB5	4.3476e	TB5	3.7048d	TB5	0.0043c	TB12	65.6250bc	TB5	0.4295
TB13	5.4520f	CK	5.5452e	CK	0.0080d	TB5	65.6250bc	TB13	0.7010
TB12	5.5238fg	TB13	5.6120e	TB13	0.0081d	TB13	67.4100bc	TB12	0.7017
CK	5.6484fg	TB12	5.6333e	TB12	0.0082de	TB1	81.2500c	CK	0.7690
TB8	5.8630fg	TB8	6.0000ef	TB8	0.0092de	CK	83.0350c	TB8	0.8417
TB6	6.0621gh	TB6	6.2379ef	TB6	0.0100e	TB8	84.3750c	TB6	0.9114
TB1	6.4808h	TB1	6.5885f	TB1	0.0118f	TB6	90.6250c	TB1	0.9625

注：不同字母表示在 0.05 水平差异显著，全书同

转基因株系 TB1、TB6 和 TB8 的生长状况好于非转基因株系；转基因株系 TB4、TB5、TB7、TB10、TB11、TB12、TB13 和 TB14 与非转基因株系相比，生长状况较差。由于这些转基因株系来自同一个无性系，原来的基因型完全相同，遗传转化后，它们的差异主要是因外源基因插入位点不同造成的。在转基因株系 TB4、TB5、TB7、TB10、TB11、TB12、TB13 和 TB14 中，外源 *betA* 随机插入造成了某些原有基因的破坏，从而使其生长缓慢、保存率低；外源 *betA* 的转入及表达，未破坏转基因株系 TB1、TB6 和 TB8 原来的基因结构，增加了甜菜碱的含量，提高了细胞的渗透调节能力和植株的耐盐性，另外，甜菜碱具有保护生物大分子的结构免受盐逆境破坏的作用。说明转基因株系 TB1、TB6 和 TB8 耐盐性的提高是外源基因的转入导致细胞生理代谢水平综合改善的结果。

3 转 *codA* 基因小黑杨研究

胆碱氧化酶(choline oxidase，COD)与胆碱脱氢酶(CDH)的功能类似，可以不需任何辅助因子将胆碱一步合成甜菜碱(Sakamoto and Murata，2001；姜静等，2008；黄海娇等，2009)。因此，编码胆碱氧化酶的 *codA* 基因被认为是植物耐盐基因工程中的有效基因，被广泛用于植物的耐盐转基因研究。目前，*codA* 基因已经被成功转入烟草(*Nicotiana tabacum*)、水稻(*Oryza sativa*)和拟南芥(*Arabidopsis thaliana*)等植物中，均获得了耐盐性较高的转基因植株(Hayashi et al.，1997；何培民等，2001；Mohanty et al.，2002)。为了深入理解逆境下甜菜碱对木本植物的保护作用，我们采用农杆菌介导法将 *codA* 基因转入小黑杨，并检测转基因植株的耐盐性。

3.1 转 *codA* 小黑杨的获得

根癌农杆菌菌株为 EHA105，含双向载体质粒 pGAH 和 *codA* 基因(由上海市农业科学院张大兵博士馈赠)。在双向载体质粒 pGAH 右边界(RB)和左边界(LB)之间插入卡那霉素抗性基因(*Km*)和潮霉素抗性基因(*Hyg*)，并在这两个抗性基因之间插入 *codA* 基因。*codA* 基因前连接 Rubisco 小亚基信号肽序列(rbcS tr)，后连接转录终止子序列(NOS ter)，并在 rbcS tr 前面连接 35S 启动子(35S pro)(图 3-1)。该基因转录产物由 Rubisco 小亚基信号肽引入叶绿体中表达酶活性。

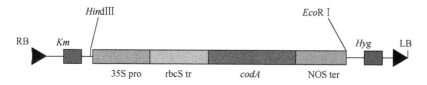

图 3-1　双向载体质粒 pGAH 的 T-DNA 结构(彩图请扫封底二维码)

3.1.1　将 *codA* 整合到小黑杨基因组

小黑杨叶片经农杆菌侵染，在含 50mg/L 卡那霉素的选择培养基上培养 3 周后，在发生转化的叶片上产生绿色的愈伤组织。30 天左右由愈伤组织分化出不定芽(图 3-2)，再将不定芽转至生根培养基中，15～20 天可生根(图 3-3)。

图 3-2　选择培养基上的小黑杨抗性芽(彩图请扫封底二维码)

图 3-3　转 *codA* 和非转基因小黑杨在选择培养基上的生根对比(彩图请扫封底二维码)

　　分别对所获得的 4 株卡那霉素抗性植株提取叶片总 DNA，用特异引物进行 PCR 扩增检测，阳性对照及 TC1、TC2、TC3 和 TC4 转化再生植株均扩增出 820bp 的特异条带，而非转化对照植株则未出现扩增条带(图 3-4)。上述结果初步表明 *codA* 已整合到所检测的 4 株小黑杨基因组中。

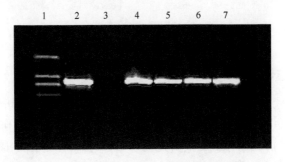

图 3-4　转基因小黑杨 *codA* 的 PCR 扩增

1. DNA Marker；2. 阳性对照；3. 阴性对照；4. TC1；5. TC2；6. TC3；7. TC4

在 PCR 检测的基础上，以 *codA* 为探针对转基因植株进行 Southern 印迹杂交检测。4 个转基因株系及阳性对照均获得了杂交条带（图 3-5），表明外源基因已经整合到小黑杨植株的基因组中。

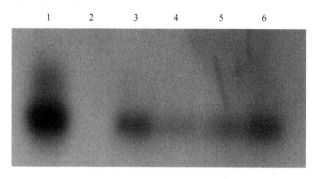

图 3-5　转 *codA* 小黑杨 Southern 印迹杂交检测（彩图请扫封底二维码）

1. 阳性对照；2. 阴性对照；3. TC1；4. TC2；5. TC3；6. TC4

3.1.2　*codA* 基因在 mRNA 水平的表达

转基因植物的检测中利用反转录 PCR（reverse transcription PCR，RT-PCR），主要目的在于验证转入的外源基因能否正常转录为 mRNA。若已经正常转录，则 cDNA 经特异性引物扩增后，能够获得特异性的扩增条带。4 个转基因植株的 cDNA 经特异性引物扩增后，均可得到目的条带，而对照未出现目的条带，充分说明外源基因已经稳定地整合到小黑杨单倍体植株的基因组中，并且能够转录成相应的 mRNA（图 3-6）。

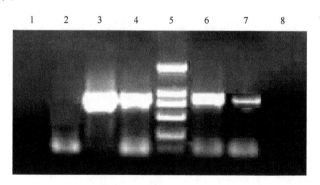

图 3-6　转基因小黑杨 *codA* 的 RT-PCR 扩增

1. 水对照；2. 阴性对照；3. TC1；4. TC2；5. DNA Marker；6. TC3；7. TC4；8. 总 RNA 对照

RT-PCR 检测已经证明转入的 *codA* 能够转录出相应的 mRNA，为分析 *codA* 的转录量，在定量反转录 PCR（quantitative RT-PCR，qRT-PCR）中利用内参基因对 *codA* 进行标准化，对 *codA* 进行相对表达量的测定，即测定 *codA* 相对于某一持家基因的表达量。在 4 个转基因株系中，TC2 的表达量最高，其次分别为 TC4 和 TC3，TC1 的表达量最低（表 3-1）。以上定量的结果是否能代表转基因株系中目标蛋白翻译量的高低，进而代表耐盐性的强弱，目前还不能做出准确的判断，因为转基因植株的表达机理是十分复杂的，应结合耐盐实验的结果进行综合分析。

表 3-1　各转基因株系 *codA* 的相对表达量

株系	CT		ΔCT	$2^{-\Delta CT}$
	codA	内参基因		
TC1	15.23±0.08	24.30±0.31	−9.08	539.70
TC2	14.94±0.28	29.13±0.31	−14.19	18 690.27
TC3	14.70±0.22	24.47±0.06	−9.77	874.31
TC4	14.57±0.14	27.65±0.17	−13.08	8 635.12

注：CT 为每个反应管内的荧光信号到达设定的域值时所经历的循环数

3.2　转 *codA* 小黑杨耐盐碱性分析

在以往的研究中，把以 Na_2CO_3 和 $NaHCO_3$ 为主要成分的土壤称为碱土，以 $NaCl$ 和 Na_2SO_4 为主要成分的土壤称为盐土（黄昌勇和徐建明，2010）。本研究用不同浓度的 $NaCl$ 和 $NaHCO_3$ 对转 *codA* 基因株系与非转基因株系进行胁迫，观察 20 天后在不同浓度的 $NaCl$ 和 $NaHCO_3$ 胁迫下转基因株系与非转基因株系之间生根情况及盐害情况的变化。

3.2.1　NaCl 胁迫下转 *codA* 小黑杨的生长表现

3.2.1.1　NaCl 胁迫下转 *codA* 小黑杨的生根情况

$NaCl$ 胁迫对小黑杨转 *codA* 株系及非转基因株系的生根均产生了一定影响，但非转基因株系和转基因株系之间，以及不同转基因株系之间的生根情况存在一定差异（表 3-2）。非转基因株系在 0.4% $NaCl$ 胁迫时，生根未受到抑制，生根率为 100%，且根数量较多；在 0.5% $NaCl$ 胁迫时，仍有半数以上的植株生根；在 0.6% $NaCl$ 胁迫时，生根率仅为 10%，根短且稀疏。说明非转基因小黑杨生根诱导能耐受的最高 $NaCl$ 浓度为 0.6%。相比之下，转基因株系的耐受能力有一定的提高。在 0.6% $NaCl$ 胁迫时，各转基因株系的生根率均在 50% 及以上，值得一提的是，TC4 株系在该浓度下的生根率为 80%；在 0.7% $NaCl$ 胁迫时，转基因株系的生根受到一定程度的抑制，生根率最低的是 TC2，只有 10% 的植株生根，根稀疏且较短；在 0.8% $NaCl$ 胁迫时，转基因株系的生根受到强烈的抑制，TC1、TC2、TC3 株系完全不能生根，仅基部膨大，TC4 株系表现出较强的耐盐性，在该浓度下仍有 30% 的植株生根。以上结果表明转基因株系的耐盐性较非转基因株系有一定程度的提高，进一步说明 *codA* 已经整合到小黑杨基因组内，并且能够表达；各转基因株系在生根能力方面表现出的差异可能是由 *codA* 插入位点不同及插入拷贝数不一造成的。

表 3-2　不同浓度的 **NaCl** 对小黑杨转 ***codA*** 株系及非转基因株系生根的影响

株系	NaCl 浓度/%	生根率/%	根生长状态
CK	0	100	根数量多，有侧根
	0.4	100	根数量多，有侧根
	0.5	60	根数量较少，无侧根
	0.6	10	根稀疏，较短
	0.7	0	未生根，仅基部膨大
	0.8	0	未生根，基部微膨大
TC1	0	100	根数量多，有侧根
	0.4	100	根数量多，有侧根
	0.5	70	根数量较多，无侧根
	0.6	70	根稀疏，细长
	0.7	30	根稀疏，较短
	0.8	0	未生根，仅基部膨大
TC2	0	100	根数量多，有侧根
	0.4	100	根数量较多，有侧根
	0.5	60	根数量较多，无侧根
	0.6	50	根稀疏，细长
	0.7	10	根稀疏，较短
	0.8	0	未生根，仅基部膨大
TC3	0	100	根数量多，有侧根
	0.4	100	根数量较多，有侧根
	0.5	60	根数量较多，有侧根
	0.6	50	根较少，细长
	0.7	20	根稀疏，较短
	0.8	0	未生根，仅基部膨大
TC4	0	100	根数量多，有侧根
	0.4	100	根数量较多，有侧根
	0.5	100	根数量较多，无侧根
	0.6	80	根稀疏，细长
	0.7	30	根稀疏，粗且短
	0.8	30	根稀疏，粗且短

3.2.1.2　NaCl 胁迫下转 *codA* 小黑杨的盐害情况

盐害分级采用孙仲序等(2002)的方法,无盐害症状为 0 级;轻度盐害(有少部分叶尖及叶缘变黄)为 1 级;中度盐害(有约 1/2 的叶尖及叶缘焦枯)为 2 级;重度盐害(大部分叶尖及叶缘焦枯或脱落)为 3 级;极重度盐害(叶落,最终死亡)为 4 级。盐害指数=∑(盐害级值×相应盐害级植株数)/(总株数×盐害最高级值)×100%。

NaCl胁迫下表现出的盐害指数能够客观反映植株的耐盐能力。非转基因株系在0.6% NaCl胁迫下的盐害指数为97.5%,表现为极重度盐害,在相同的胁迫条件下,转基因株系TC1、TC2、TC3和TC4的盐害指数分别为22.5%、22.5%、30.0%和17.5%,均低于非转基因株系的盐害指数,说明转*codA*基因株系的耐盐性较非转基因株系有一定程度的提高;在0.7% NaCl胁迫下,转基因株系受到盐害,其中TC3株系的盐害指数最高,达50.0%;0.8% NaCl胁迫下,TC1、TC2、TC3株系均受到较严重的盐害,盐害指数均达到80%以上,只有TC4株系受到较轻的盐害,盐害指数为60.0%(表3-3)。由此可见,各转基因株系之间的耐盐能力存在差异,TC4最强,TC3最差,TC1和TC2居中。

表 3-3　小黑杨转 *codA* 株系及非转基因株系在不同浓度 NaCl 胁迫下的盐害情况

株系	NaCl 浓度/%	各盐害级别对应的植株数					盐害指数/%
		0 级	1 级	2 级	3 级	4 级	
CK	0	10	0	0	0	0	0
	0.4	5	4	1	0	0	15.0
	0.5	1	4	4	1	0	37.5
	0.6	0	0	0	1	9	97.5
	0.7	0	0	0	0	10	100.0
	0.8	0	0	0	0	10	100.0
TC1	0	10	0	0	0	0	0
	0.4	10	0	0	0	0	0
	0.5	6	4	0	0	0	10.0
	0.6	4	5	0	0	1	22.5
	0.7	1	8	0	0	1	30.0
	0.8	1	0	0	3	6	82.5
TC2	0	10	0	0	0	0	0
	0.4	9	1	0	0	0	2.5
	0.5	5	5	0	0	0	12.5
	0.6	4	4	1	1	0	22.5
	0.7	0	8	0	0	2	40.0
	0.8	0	1	0	4	5	82.5

续表

株系	NaCl 浓度/%	各盐害级别对应的植株数					盐害指数/%
		0 级	1 级	2 级	3 级	4 级	
TC3	0	10	0	0	0	0	0
	0.4	10	0	0	0	0	0
	0.5	8	2	0	0	0	5.0
	0.6	2	6	0	2	0	30.0
	0.7	0	6	0	2	2	50.0
	0.8	0	0	2	2	6	85.0
TC4	0	10	0	0	0	0	0
	0.4	10	0	0	0	0	0
	0.5	9	1	0	0	0	2.5
	0.6	4	4	1	1	0	17.5
	0.7	4	4	1	0	1	20.0
	0.8	0	2	4	2	2	60.0

3.2.2 NaHCO₃ 胁迫下转 *codA* 小黑杨的生长表现

取生长旺盛、高约 2cm 的小黑杨转 *codA* 株系和非转基因株系接种于含有 $NaHCO_3$ 的培养基中，发现非转基因株系在 0.06% $NaHCO_3$ 胁迫时就已受到伤害，盐害指数达到 65.6%；0.08% $NaHCO_3$ 胁迫时，盐害指数高达 87.5%。相比之下，转基因株系的耐盐能力要高于非转基因株系。0.06% $NaHCO_3$ 胁迫时，转基因株系基本没有受到盐害；0.08% $NaHCO_3$ 胁迫时，4 个转基因株系的盐害指数均在 45% 以下；0.10% $NaHCO_3$ 胁迫时，各转基因株系均受到较严重的盐害，盐害指数均在 78% 以上；0.2% 和 0.3% $NaHCO_3$ 胁迫时，转基因株系和非转基因株系全部死亡（表 3-4）。由此可见，转基因小黑杨能耐受的最高 $NaHCO_3$ 浓度为 0.08%。

表 3-4 小黑杨转 *codA* 株系及非转基因株系在不同浓度 NaHCO₃ 胁迫下的盐害情况

株系	NaHCO₃ 浓度/%	各盐害级别对应的植株数					盐害指数/%
		0 级	1 级	2 级	3 级	4 级	
CK	0	8	0	0	0	0	0
	0.06	0	1	3	2	2	65.6
	0.08	0	0	1	2	5	87.5
	0.10	0	0	0	0	8	97.5
	0.20	0	0	0	0	8	100.0
	0.30	0	0	0	0	8	100.0
TC1	0	8	0	0	0	0	0
	0.06	8	0	0	0	0	0

续表

株系	NaHCO$_3$ 浓度/%	各盐害级别对应的植株数					盐害指数/%
		0 级	1 级	2 级	3 级	4 级	
TC1	0.08	2	4	2	0	0	25.0
	0.10	0	1	1	2	4	78.1
	0.20	0	0	0	0	8	100.0
	0.30	0	0	0	0	8	100.0
TC2	0	8	0	0	0	0	0
	0.06	8	0	0	0	0	0
	0.08	1	3	4	0	0	34.3
	0.10	0	1	1	1	5	81.2
	0.20	0	0	0	0	8	100.0
	0.30	0	0	0	0	8	100.0
TC3	0	8	0	0	0	0	0
	0.06	5	3	0	0	0	9.3
	0.08	0	2	6	0	0	43.7
	0.10	0	0	0	3	5	90.6
	0.20	0	0	0	0	8	100.0
	0.30	0	0	0	0	8	100.0
TC4	0	8	0	0	0	0	0
	0.06	8	0	0	0	0	0
	0.08	1	5	2	0	0	28.1
	0.10	0	0	2	2	4	81.2
	0.20	0	0	0	0	8	100.0
	0.30	0	0	0	0	8	100.0

由于 NaHCO$_3$ 胁迫较为剧烈（胁迫第 2 天就出现盐害），各参试株系的生根情况均不理想。非转基因株系只在 0% 和 0.06% NaHCO$_3$ 胁迫时生根，转基因株系在 0～0.08% NaHCO$_3$ 胁迫时均能生根，但根的数量不多，根稀疏且细弱。

为了研究转 codA 株系耐盐性与 qRT-PCR 结果之间的相关性，将两项实验的结果进行综合分析。在耐盐实验中，各转基因株系的耐盐能力存在差异，其中 TC4 最强，TC3 最差，TC1 和 TC2 居中。qRT-PCR 的结果则显示各株系的 codA 转录量由高到低的顺序为 TC2＞TC4＞TC3＞TC1。由此可见，转基因株系基因转录量的高低与其耐盐能力之间并不存在一一对应的关系，基因转录量较低的株系有较强的耐盐能力，基因转录量较高的株系耐盐能力却较差。

植物的耐盐机理十分复杂，影响耐盐性的因素也很多。分析认为，导致以上结果的原因可能是基因沉默。转基因沉默是指转入的基因不表达或者表达水平很低，转基因沉默可以发生在两种水平，一种是由 DNA 甲基化、异染色质化及位置效应引起的转录水平上的基因沉默，另一种是发生在转录后水平上的基因沉默（王红梅等，2003）。本研究中的 4 个转基因株系经 RT-PCR 和 qRT-PCR 分析均已被证明转入的 *codA* 能够转录为相应的 mRNA，根据定量 PCR 的结果，TC2 株系的 *codA* 转录量分别是 TC4、TC3 和 TC1 的 2.16 倍、21.38 倍和 34.63 倍，但 TC2 株系在耐盐性上却弱于 TC4 和 TC1，说明 TC2 株系极有可能发生了转录后水平上的基因沉默。

4 转抗虫基因小黑杨研究

我国杨树转抗虫基因的研究已有 20 余年的历史。人们已先后成功地将苏云金杆菌杀虫蛋白基因(Bt)、马铃薯蛋白酶抑制剂基因($pin-II$)、抗菌肽基因($Lc\ I$)、豇豆胰蛋白酶抑制剂基因($CpT\ I$)等分别导入欧洲黑杨、欧美杨、美洲黑杨、毛白杨中，获得了对杨尺蠖、舞毒蛾、舟蛾等食叶害虫具有毒杀作用的杨树转基因植株(田颖川等，1993；陈颖等，1995；王学聘等，1997；郝贵霞等，1999；胡建军等，1999；李玲等，2000；郑均宝等，2000)，在抗食叶害虫转基因研究中成绩显著，有的杨树转化体已被国家林业局(现国家林业和草原局)批准为新品种，并批准进行商品化生产。这些转基因杨树目前已经在西北、华北等地区的多个试验点进行造林区域试验(卢孟柱和胡建军，2006)。但杨树品种的栽种具有地域性，专门针对东北寒冷地区杨树转抗虫基因的研究相对较少(常玉广等，2004；姜静等，2006)。本研究采用蜘蛛杀虫肽与 Bt 基因 C 端肽序列的融合基因($toxin+Bt$)，以抗寒能力强的小黑杨作为转化受体，进行小黑杨转抗虫基因研究，目的在于培育出适合东北地区种植的杨树转抗虫基因新品种。

4.1 转抗虫基因小黑杨的获得

根癌农杆菌菌株为 LBA4404，含载体质粒 pYHY[由蛋白质与植物基因研究国家重点实验室(北京大学)馈赠]，长度为 1.3kb。在载体质粒 pYHY 左边界(LB)和右边界(RB)之间插入卡那霉素抗性基因($npt\ II$)和 gus 基因，并在这两个抗性基因之间插入抗虫基因(蜘蛛杀虫肽与 Bt 基因 C 端肽序列)(图 4-1)。

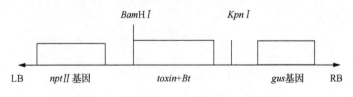

图 4-1　载体质粒 pYHY 的 T-DNA 结构

4.1.1 小黑杨抗虫基因的遗传转化

小黑杨叶片经农杆菌侵染，在含 40mg/L 卡那霉素和 700mg/L 头孢唑啉钠的选择培养基上培养 3 周后，未转化的外植体叶片逐渐变黄，在发生转化的叶片上产生绿色的愈伤组织，30 天左右由愈伤组织分化出不定芽。继代培养 1 个月以后，将其转至生根培养基中，15～20 天可生根。获得的 3 株抗性小黑杨分别命名为 T1、T2 和 T3。

4.1.2 转抗虫基因小黑杨 PCR 检测

分别对所获得的 3 株卡那霉素抗性植株提取叶片总 DNA，用特异引物进行 PCR 扩增检测，阳性对照及 T1 和 T3 转化再生植株均扩增出 1.3kb 的特异谱带，而非转化对照植株则未出现扩增谱带(图 4-2)。上述结果初步表明抗虫基因已整合到所检测的小黑杨基因组中。

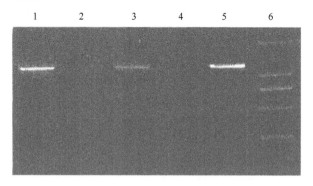

图 4-2　转基因小黑杨抗虫基因的 PCR 扩增

1. T1；2. T2；3. T3；4. 阴性对照；5. 阳性对照；6. DNA Marker

4.1.3 转抗虫基因小黑杨 Southern 杂交

用特异引物分别对 3 个转基因植株及对照植株的 DNA 进行 PCR 扩增、电泳、转膜后，与地高辛标定的目的基因探针进行膜上印记杂交的结果表明，阳性对照和转基因植株均出现杂交谱带(图 4-3)，而阴性对照无杂交谱带出现，表明转基因植株 PCR 扩增的谱带为特异性目的谱带。Southern 杂交检测结果进一步证明抗虫基因已整合到小黑杨基因组中。

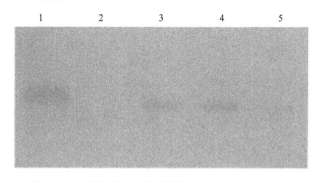

图 4-3　小黑杨转抗虫基因植株的 Southern 印迹杂交

1. 阳性对照；2. 阴性对照；3. T1；4. T2；5. T3

4.2　转基因小黑杨对舞毒蛾幼虫的毒杀能力

分别于接虫后的第 7 天和第 14 天统计饲虫情况（表 4-1），结果表明，在虫体重量方面，饲虫 7 天后，非转基因植株饲喂的舞毒蛾幼虫平均体重为 27.56mg，而转基因植株饲喂的幼虫平均体重仅为 8.58mg；饲虫 14 天后，非转基因植株饲喂的幼虫平均体重升至 253.5mg，而转基因植株饲喂的幼虫平均体重仅为 15.2mg，饲喂转基因植株的幼虫体重明显低于饲喂非转基因植株的幼虫（图 4-4），说明抗虫基因表达的融合蛋白能抑制舞毒蛾幼虫的生长。在死亡率方面，饲虫 7 天后，3 个转基因株系饲喂的舞毒蛾的平均死亡率为 53.33%；饲虫 14 天后，转基因株系饲喂的舞毒蛾的平均死亡率已高达 73.33%，说明抗虫基因表达的融合蛋白已经在舞毒蛾虫体中发生作用，破坏了舞毒蛾的肠道细胞，限制了幼虫的生长，进而导致其死亡。至于存活下来的幼虫，饲虫 14 天后，非转基因植株饲喂的幼虫均由 2 龄进入 4 龄，而转基因植株饲喂的幼虫均维持在 2 龄，说明抗虫基因表达的杀虫肽能抑制舞毒蛾幼虫的生长发育，导致其无法蜕皮进入下一个龄级，进而使得幼虫取食叶片的能力下降，转基因植株的虫害程度也随之降低，最终达到抗虫的目的（图 4-5）。

表 4-1　转抗虫基因小黑杨饲虫后的虫体重量和死亡率

株系	饲虫 7 天			饲虫 14 天		
	存活数量	死亡率/%	虫体重量/mg	存活数量	死亡率/%	虫体重量/mg
CK	38	5.0	27.56	38	5.0	253.5
T1	21	47.5	9.82	14	65.0	19.6
T2	16	60.0	7.84	8	80.0	12.3
T3	19	52.5	8.08	10	75.0	13.6

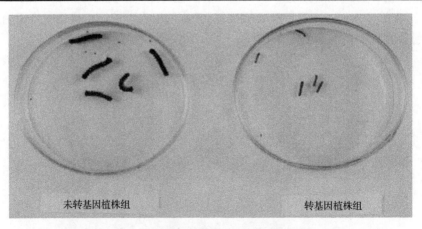

图 4-4　饲喂 14 天的舞毒蛾幼虫（彩图请扫封底二维码）
左为咬食非转基因小黑杨的舞毒蛾幼虫，右为咬食转抗虫基因小黑杨的舞毒蛾幼虫

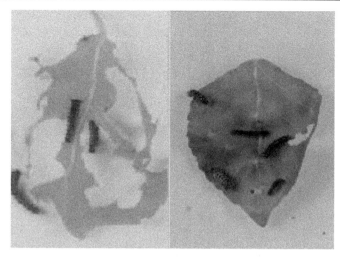

图 4-5 受虫咬食后的小黑杨叶片(彩图请扫封底二维码)
左为受虫咬食后的非转基因小黑杨叶片,右为受虫咬食后的转抗虫基因小黑杨叶片

综上所述,咬食非转基因植株的舞毒蛾幼虫生长良好,体态肥大,植株被咬食严重。而咬食转基因植株的舞毒蛾幼虫在饲虫 14 天后的死亡率达 65%～80%,说明 3 个转基因株系的杀虫效率较高;存活下来的舞毒蛾幼虫行动迟缓,生长极其缓慢,体态瘦小,植株被咬食的程度不大,转基因植株饲虫 14 天后,虫体的平均重量仅为非转基因植株饲虫后虫体平均重量的 6%。说明抗虫基因表达的融合蛋白对舞毒蛾幼虫不仅有致死效果,还能使幼虫发育延迟。

5 转 *TaLEA* 基因小黑杨研究

LEA 蛋白全称为晚期胚胎富集蛋白，是在胚胎发生后期，种子中大量积累的一系列蛋白。LEA 蛋白大量存在于高等植物体内，在干旱环境中，LEA 蛋白受到脱水信号与脱落酸的调节，可以有效保护细胞的膜系统，从而降低干旱对植株的破坏程度，进而提高植株的抗逆性(Ban et al.，2008；Battaglia et al.，2008)。*LEA* 基因最早从棉花子叶中检测出来，其翻译产物即为 LEA 蛋白(Chen et al.，2012a，2014)。通过差异显示等方法，人们发现在多种高等植物中都含有 *LEA* 基因。LEA 蛋白由于受到脱水信号与脱落酸的调节，常被认为与种子失水耐性相关,因此LEA 蛋白与植物抗逆性的关系已经成为一个研究热点(Yuan et al.，2012；刘玲等，2013)。本研究从极度抗旱的柽柳中克隆了 *TaLEA* 基因，利用农杆菌介导法将其导入小黑杨基因组中，通过干旱和盐渍胁迫试验，验证 *TaLEA* 基因的功能，并筛选出抗性优良的株系进行田间试验，为干旱和盐渍化地区的造林提供参考。

5.1 转 *TaLEA* 小黑杨的获得

5.1.1 将 *TaLEA* 整合到小黑杨基因组中

选取鲜嫩的无菌小黑杨叶片，在叶片基部和叶尖处切出伤口，在诱导分化的培养基上预培养 1 天，然后将其浸泡在工程菌液(OD_{600}=0.1)中 2min，再用无菌滤纸吸去过量的菌液。侵染之后将叶片置于不含选择抗生素的分化培养基上共培养 2～3 天，当叶片边缘培养基隐约可见菌斑时，转置于选择培养基上，进行脱菌选择培养。经过 20～30 天光照培养，叶片开始分化，产生不定芽。

通过农杆菌介导的遗传转化，共获得 11 株卡那霉素抗性芽，对这些不定芽继续在选择培养基上进行继代选择培养，初步获得 11 个转化株系。以不同转化株系总 DNA 为模板，以 *TaLEA* 两端特异序列作为引物进行 PCR 扩增，其扩增片段与预期的 309bp 长度相吻合(图 5-1)，初步表明 *TaLEA* 已经整合到小黑杨基因组中。

将转基因和非转基因小黑杨总 DNA 及带有中间表达载体(pLR 质粒)的大肠杆菌进行 PCR 扩增，然后将 *TaLEA* 转移到尼龙膜上，与地高辛标记探针进行杂交反应。结果表明，被检测的 11 个转基因株系均出现了杂交谱带(图 5-2)，各转基因株系的杂交谱带和阳性对照的杂交谱带一致，进一步说明 *TaLEA* 已经整合到小黑杨基因组中。

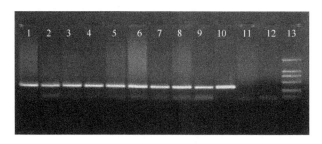

图 5-1　部分转 *TaLEA* 小黑杨的 PCR 扩增

1～9. 部分转 *TaLEA* 株系；10. 阳性对照；11. 阴性对照；12. 水对照；13. DNA Marker

图 5-2　转 *TaLEA* 小黑杨的 Southern 印迹杂交（彩图请扫封底二维码）

1. 阳性对照；2. 阴性对照；3～13. 各转 *TaLEA* 株系

5.1.2　*TaLEA* 基因在 mRNA 水平的表达

将转基因和非转基因小黑杨总 RNA 进行甲醛变性凝胶电泳，然后将 RNA 转移到尼龙膜上，与地高辛标记探针进行杂交反应。结果表明，被检测的 11 个转基因株系均出现了杂交谱带（图 5-3），说明 *TaLEA* 不仅整合到了小黑杨基因组中，还在 RNA 水平发生了表达。

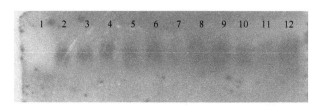

图 5-3　转 *TaLEA* 小黑杨的 Northern 杂交（彩图请扫封底二维码）

1. 阴性对照；2～12. 各转 *TaLEA* 株系

利用荧光定量反转录 PCR 检测各株系中外源 *TaLEA* 的相对表达量（表 5-1），结果表明，在各转基因株系中，*TaLEA* 均有不同程度的表达。其中，XL-4、XL-5和 XL-6 的相对表达量最高，XL-13 和 XL-14 的相对表达量最低。

表 5-1　各转基因株系 *TaLEA* 的相对表达量

株系	CT		ΔCT	$2^{-\Delta CT}$
	TaLEA	内参基因		
XL-1	13.35±0.19	30.81±0.53	−17.45	179 547
XL-3	13.38±0.15	29.47±0.26	−16.09	69 755
XL-4	13.30±0.12	32.21±0.32	−18.91	492 126
XL-5	12.75±0.14	31.34±0.49	−18.58	392 863
XL-6	12.51±0.16	31.07±0.37	−18.57	388 261
XL-7	15.37±0.98	31.25±0.20	−15.88	60 166
XL-9	12.85±0.11	28.70±0.21	−15.85	58 955
XL-10	14.57±0.16	32.37±0.54	−17.80	228 104
XL-11	13.13±0.31	30.78±0.13	−17.65	206 340
XL-13	17.97±0.28	31.02±0.19	−13.05	8 477
XL-14	20.46±0.20	32.08±0.11	−11.62	3 145

5.2　转 *TaLEA* 小黑杨的耐盐性提高

5.2.1　NaCl 胁迫下转 *TaLEA* 小黑杨相对电导率比较

在非胁迫条件下，各转基因小黑杨与非转基因对照的相对电导率无明显差异。NaCl 胁迫 6 天后，各株系的相对电导率均有所上升。除 XL-13 外，各转基因株系的相对电导率均低于非转基因对照。其中，XL-6 的相对电导率最低，仅为对照的 69.49%（图 5-4）。说明在 NaCl 胁迫下，转 *TaLEA* 小黑杨的细胞膜受损程度相对较小。

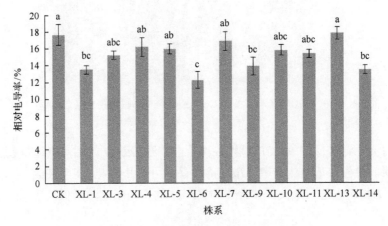

图 5-4　NaCl 胁迫下各株系的相对电导率

不同小写字母表示差异显著，$P<0.05$，下同

5.2.2 NaCl 胁迫下转 *TaLEA* 小黑杨丙二醛含量比较

在非胁迫条件下，转基因小黑杨与对照的丙二醛含量基本一致。NaCl 胁迫 6 天后，各株系的丙二醛含量均有所增加，但各转基因株系的丙二醛含量均低于对照。其中，XL-1 的丙二醛含量最低，仅为对照的 60.83%（图 5-5）。说明在 NaCl 胁迫下，转 *TaLEA* 小黑杨的膜脂过氧化程度相对较小。

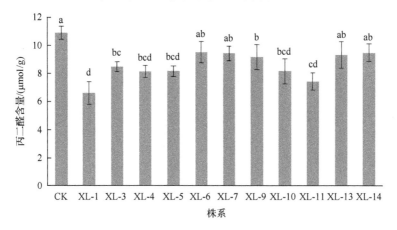

图 5-5　NaCl 胁迫下各株系的丙二醛含量

5.2.3 NaCl 胁迫下转 *TaLEA* 小黑杨净光合速率比较

NaCl 胁迫 6 天后，转基因株系的净光合速率均显著高于对照。其中，XL-11 的净光合速率最大，达到 6.71μmol/(m²·s)，比对照高 285.44%（图 5-6）。说明在 NaCl 胁迫下，转 *TaLEA* 小黑杨的光合作用较强。

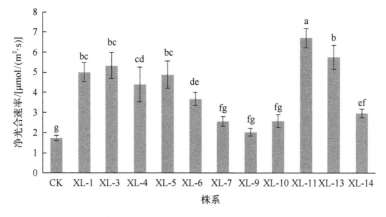

图 5-6　NaCl 胁迫下各株系的净光合速率

5.2.4　NaCl 胁迫下转 *TaLEA* 小黑杨叶绿素含量比较

NaCl 胁迫 6 天后, 转基因株系的叶绿素含量均高于非转基因对照。其中, XL-11 的叶绿素含量最大, 达 51.17mg/g, 比对照高 26.01%(图 5-7)。

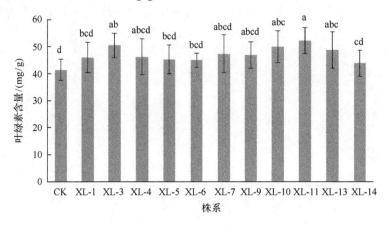

图 5-7　NaCl 胁迫下各株系的叶绿素含量

5.2.5　转 *TaLEA* 小黑杨耐盐株系的选择

结合 NaCl 胁迫 6 天后小黑杨的耐盐性指标, 采用隶属函数的方法, 对转 *TaLEA* 各株系的耐盐性情况进行综合评定(图 5-8), 发现 XL-11 的隶属函数值最大, 达到 0.718, 比非转基因株系高 2891.67%; XL-7 的隶属函数值最小, 仅为 0.259。因此, 可以确定 XL-11 为最优耐盐株系, XL-7 为最差耐盐株系。另外, XL-1、XL-14 和 XL-6 的隶属函数值也较大, 可以将其确定为优良耐盐株系。

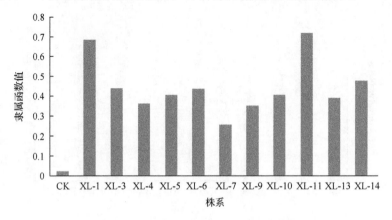

图 5-8　NaCl 胁迫下各株系的隶属函数值

5.3 转 *TaLEA* 小黑杨的抗旱性提高

5.3.1 干旱胁迫下转 *TaLEA* 小黑杨相对电导率比较

干旱胁迫前，转基因株系和非转基因对照的相对电导率无明显差异。干旱胁迫 7 天后，虽然部分转基因株系的相对电导率有所上升，但除 XL-3 和 XL-5 外，其他各转基因株系的相对电导率均低于对照。其中，XL-14 的相对电导率最低，仅为对照的 76.38%（图 5-9）。说明在干旱胁迫后，转 *TaLEA* 小黑杨的细胞膜受损程度较小，电解质外渗量小，细胞膜稳定性较高。

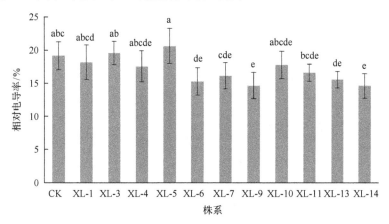

图 5-9　干旱胁迫下各株系的相对电导率

5.3.2 干旱胁迫下转 *TaLEA* 小黑杨丙二醛含量比较

干旱胁迫前，各株系丙二醛含量没有明显的差异。干旱胁迫 7 天后，虽然转基因株系和对照株系丙二醛含量均有所上升，但除 XL-6 外，各株系的丙二醛含量均低于对照。其中，XL-9 的丙二醛含量最低，仅为对照的 66.76%（图 5-10）。说明转入的 *TaLEA* 对小黑杨的抗氧化系统具有保护作用，抑制了膜脂过氧化，从而使膜脂过氧化产生的丙二醛含量明显降低，进而提高了转基因小黑杨的抗旱能力。

5.3.3 干旱胁迫下转 *TaLEA* 小黑杨净光合速率比较

干旱胁迫 7 天后，除 XL-5 外，各转基因株系的净光合速率均高于对照。其中，XL-1 的净光合速率最大，达到 25.80μmol/(m^2·s)，比对照高 50.58%（图 5-11）。说明转 *TaLEA* 小黑杨的光合作用受干旱胁迫影响较小。

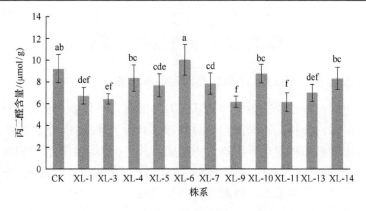

图 5-10　干旱胁迫下各株系的丙二醛含量

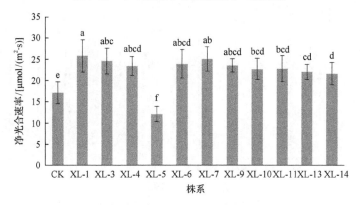

图 5-11　干旱胁迫下各株系的净光合速率

5.3.4　干旱胁迫下转 *TaLEA* 小黑杨叶绿素含量比较

　　干旱胁迫 7 天后,转基因株系的叶绿素含量均高于非转基因对照。其中,XL-11 的叶绿素含量最大, 达 45.90mg/g, 比对照高 25.64%(图 5-12)。

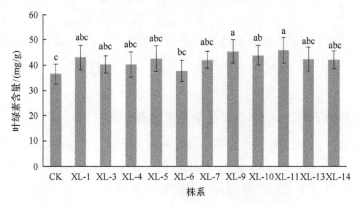

图 5-12　干旱胁迫下各株系的叶绿素含量

5.3.5 转 *TaLEA* 小黑杨抗旱株系的选择

结合干旱胁迫 7 天后小黑杨的抗旱性指标,采用隶属函数的方法,对转 *TaLEA* 各株系的抗旱性情况进行综合评定(图 5-13),发现 XL-11 的隶属函数值最大,达到 0.794,比非转基因株系高 298.99%;XL-5 的隶属函数值最小,仅为 0.297。因此,可以确定 XL-11 为最优抗旱株系,XL-5 为最差抗旱株系。另外,XL-9、XL-14 和 XL-1 的隶属函数值也较大,可以将其确定为优良抗旱株系。

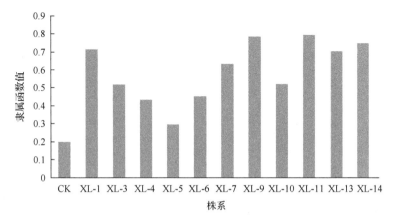

图 5-13 干旱胁迫下各株系的隶属函数值

5.4 转 *TaLEA* 小黑杨的耐寒性提高

5.4.1 低温胁迫下转 *TaLEA* 小黑杨丙二醛含量比较

低温胁迫前,除 XL-9 外,各株系的丙二醛含量差异不明显。低温胁迫后,各株系间的丙二醛含量变化显著,除 XL-9 略高于对照外,其余各转基因株系均低于对照。其中,XL11 的丙二醛含量最低,仅为对照的 58.83%(图 5-14)。低温胁迫条件下,除 XL-9 外,各转基因株系的膜质过氧化程度都低于对照,表明其细胞膜受损程度较轻。

5.4.2 低温胁迫下转 *TaLEA* 小黑杨相对高生长比较

参试株系经低温胁迫处理后,各转基因株系的相对高生长在 4.0%～15.3%,而对照株系的相对高生长为 3.2%,各转基因株系的相对高生长明显高于对照。其中,XL-3 的相对高生长最大,为 15.3%;XL-7、XL-9、XL-11、XL-4、XL-1、XL-5、XL-14 的相对高生长在 5.0%～10.0%;XL-10 和 XL-13 的相对高生长较小,均为 4.41%(图 5-15)。

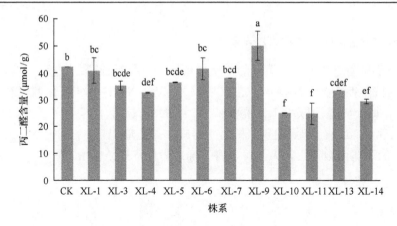

图 5-14　低温胁迫下各株系的丙二醛含量

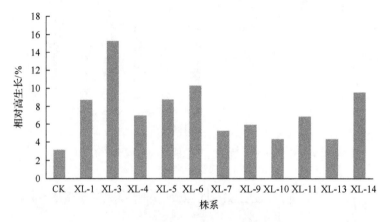

图 5-15　低温胁迫下各株系的相对高生长

5.4.3　低温胁迫下转 *TaLEA* 小黑杨冷害指数比较

对参试株系的冷害情况分析发现，除 XL-3 外，各转基因株系的冷害指数均低于对照。其中，XL-7、XL-11、XL-13 和 XL-14 株系的冷害指数较低，分别为 0.21、0.15、0.18 和 0.21，说明这些转基因株系的耐寒性较强(图 5-16)。

5.4.4　转 *TaLEA* 小黑杨耐寒株系的选择

结合低温胁迫后小黑杨的耐寒性指标，采用隶属函数的方法，对转 *TaLEA* 各株系的耐寒性情况进行综合评定(图 5-17)，发现 7 个转基因株系的隶属函数值高于非转基因对照，仅 4 个转基因株系低于对照。其中，XL-11 的隶属函数值最大，达到 0.828，比非转基因株系高 132.58%；XL-9 的隶属函数值最小，仅为 0.204。因此，可以确定 XL-11 为最优耐寒株系，XL-9 为最差耐寒株系。另外，XL-10、

XL-14 和 XL-4 的隶属函数值也较大，可以将其确定为优良耐寒株系。

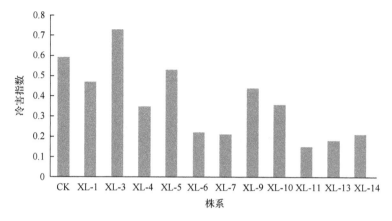

图 5-16 低温胁迫下各株系的冷害指数

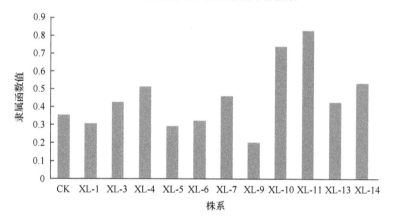

图 5-17 低温胁迫下各株系的隶属函数值

目前，关于植物的抗逆性鉴定已有诸多报道，其中相对电导率和丙二醛含量的变化是反映逆境胁迫下质膜稳定性及植物抗逆性的重要指标，研究已证明，相对电导率和丙二醛含量与组织受伤害程度呈显著正相关(林士杰等，2006；黄海娇等，2009)。盐渍、干旱胁迫下参试株系的细胞膜损伤测定显示，在相对电导率方面，XL-6、XL-9 和 XL-14 与对照的差异均达到显著水平；在丙二醛含量方面，XL-11 与对照的差异达到显著水平；说明上述株系在逆境胁迫下的细胞膜受损伤程度较小。我们前期所做的转 *TaLEA* 烟草的耐寒性试验也表明，*TaLEA* 的导入，不同程度地减轻了低温下烟草细胞膜所受的伤害(林士杰等，2006)。

光合作用是植物体内重要的代谢过程，其强弱对植物生长发育及抗逆性都有重要的影响，因而光合作用可作为判断植物生长情况和抗逆性强弱的指标(姜国斌等，2007)。叶绿素含量是影响光合作用的重要因素，也可以作为植物抗性强弱的标志之一（许卉和赵丽萍，2007）。盐渍和干旱胁迫下参试株系的净光合速率与叶绿素含量测定显示，在净光合速率方面，XL-1、XL-3、XL-4、XL-6、XL-11、XL-13和 XL-14 显著高于对照；在叶绿素含量方面，XL-10 和 XL-11 显著高于对照；说明这些株系在干旱和盐渍胁迫下仍能维持较高的光合作用。

植物受低温胁迫时，木质化进程将加快，并逐渐停止高生长，以增强抗低温的能力。一般认为，植物的相对高生长愈小、愈早木质化，抗性愈强。试验发现，参试株系中，非转基因对照株系的相对高生长最小，仅为 3.2%，但是其冷害指数明显高于各转基因株系（XL-3 除外），故认为 *TaLEA* 的导入提高了小黑杨的耐寒能力，使其形成顶芽的时间推迟，导致生长期延长。

对植物抗逆性的研究，如果孤立地采用形态、生理生化和代谢等单一指标进行鉴定，很难反映植物抗逆的实质。植物的生理过程是错综复杂的，其抗逆性受多种因素影响，为了克服单个指标鉴定的不足，我们采用模糊隶属函数法，根据测定的抗逆性指标对转 *TaLEA* 小黑杨的抗寒性进行了综合评价。其中，转基因株系中的 XL-11 综合评定结果较好，具备进一步研究的价值。

6 转 *TaLEA* 基因小黑杨表达特性研究

在获得的 11 个转 *TaLEA* 小黑杨株系中，XL-11 表现出较强的耐盐性、抗旱性和耐寒性(黄海娇等，2009；王遂等，2011)。为了阐明转 *TaLEA* 小黑杨的抗逆机理，我们开展了 XL-11 和非转基因株系在 mRNA 与蛋白质水平的表达特性研究。在 mRNA 水平，利用基因芯片对转基因 XL-11 株系与 CK 株系进行差异转录表达谱分析；在蛋白质水平，利用无标记定量分析技术对 XL-11 与 CK 株系进行差异蛋白表达谱分析。本研究将有助于从转录和翻译水平认识 *TaLEA* 基因的调控网络，为阐明转 *TaLEA* 小黑杨抗逆的分子机理奠定基础。

6.1 转 *TaLEA* 小黑杨基因表达谱分析

6.1.1 差异基因的功能分类

在芯片杂交的基础上，将 XL-11 与非转基因 CK 进行基因表达对比分析，发现与 CK 相比，在 XL-11 中有 537 个差异基因，其中 280 个基因上调表达，257 个基因下调表达。对差异基因进行功能分类，除功能未知或未分类的基因(43 个基因，占 8.01%)外，其他基因被分为代谢(99 个基因，占 18.44%)、胁迫响应(64 个基因，占 11.92%)、蛋白质合成及降解(55 个基因，占 10.24%)、激酶活性(47 个基因，占 8.75%)、细胞壁相关(41 个基因，占 7.64%)、激素相关(29 个基因，占 5.40%)、信号转导(18 个基因，占 3.35%)、转录(85 个基因，占 15.83%)、运输(46 个基因，占 8.57%)、结构蛋白(7 个基因，占 1.30%)、细胞命运(3 个基因，占 0.56%)等 11 类(图 6-1、图 6-2)。进一步分析发现，差异基因中涉及代谢、逆境胁迫、蛋白激酶、转录调控、信号转导、激素的基因与植物的抗逆及生长发育调控具有密切关系。

6.1.2 差异基因的基因本体和代谢途径分析

利用分子注释系统(molecule annotation system，MAS)(http://bioinfo.capitalbio.com/mas3/)对差异基因进行基因本体(gene ontology，GO)分析，发现这些差异基因涉及多个分子功能、生物过程和细胞组分。其中涉及的分子功能为：转运活性(16 个基因，占 2.98%)、脂类结合(12 个基因，占 2.23%)、核苷酸结合(66 个基因，占 12.29%)、转录因子活性(28 个基因，占 5.21%)、酶调节活性(8 个基因，占 1.49%)、氧结合(5 个基因，占 0.93%)、蛋白质结合(81 个基因，占 15.08%)、

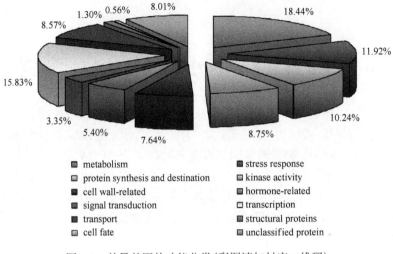

图 6-1　差异基因的功能分类(彩图请扫封底二维码)

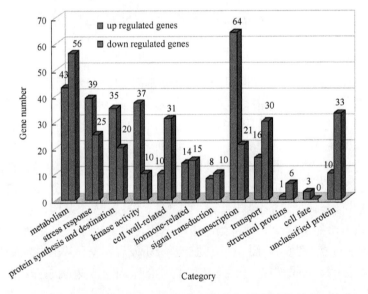

图 6-2　上调和下调基因在各功能分类中的分布(彩图请扫封底二维码)

受体活性(11 个基因, 占 2.05%)、水解酶活性(102 个基因, 占 18.99%)、激酶活性(44 个基因, 占 8.19%)、糖结合(8 个基因, 占 1.49%)和结构分子活性(7 个基因, 占 1.30%)(图 6-3); 涉及的生物过程为: 细胞稳态(12 个基因, 占 2.23%)、脂质代谢过程(41 个基因, 占 7.64%)、解剖结构形态发生(13 个基因, 占 2.42%)、DNA 代谢过程(6 个基因, 占 1.12%)、细胞成分组织(21 个基因, 占 3.91%)、分解代谢过程(35 个基因, 占 6.52%)、运输(35 个基因, 占 6.52%)、蛋白质修饰过程(42 个基因, 占 7.82%)、胚后发育(15 个基因, 占 2.79%)、生物刺激响应(24

个基因，占 4.47%)、转录(44 个基因，占 8.19%)、细胞氨基酸及其衍生物代谢过程(14 个基因，占 2.61%)、糖代谢过程(34 个基因，占 6.33%)、授粉(5 个基因，占 0.93%)、细胞生长(5 个基因，占 0.93%)、细胞通讯(6 个基因，占 1.12%)、胁迫响应(54 个基因，占 10.06%)、次生代谢过程(10 个基因，占 1.86%)、胚胎发育(9 个基因，占 1.68%)、信号转导(16 个基因，占 2.98%)、前体代谢物和能量产生(5 个基因，占 0.93%)、细胞分化(7 个基因，占 1.30%)、非生物刺激响应(34 个基因，占 6.33%)与内源性刺激响应(20 个基因，占 3.72%)(图 6-4)；涉及的细胞组分为：内质网(13 个基因，占 2.42%)、液泡(20 个基因，占 3.72%)、质体(48 个基因，占 8.94%)、细胞内非膜有界细胞器(10 个基因，占 1.86%)、质膜(35 个基因，占 6.52%)、细胞外区域(25 个基因，占 4.66%)、细胞核(53 个基因，占 9.87%)、细胞壁(26 个基因，占 4.84%)、胞质溶胶(6 个基因，占 1.12%)和线粒体(20 个基因，占 3.72%)(图 6-5)。

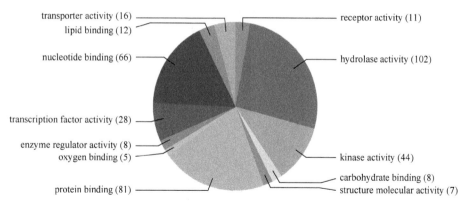

图 6-3　差异基因涉及的分子功能(彩图请扫封底二维码)

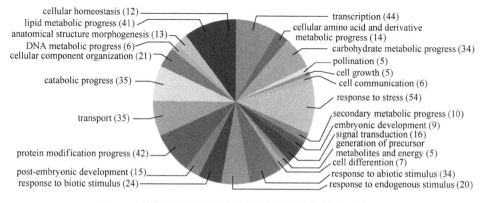

图 6-4　差异基因涉及的生物过程(彩图请扫封底二维码)

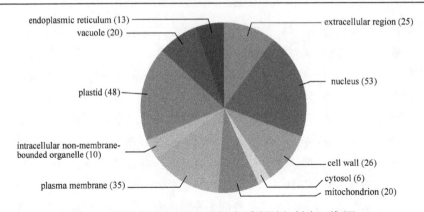

图 6-5　差异基因涉及的细胞组分(彩图请扫封底二维码)

分别采用 KEGG(https://www.kegg.jp/)、CGAP(https://cgap.nci.nih.gov/)和 GenMAPP(http://www.genmapp.org/)3 个数据库对差异基因进行代谢途径分析,在 CGAP 和 GenMAPP 中未找到相关信息,在 KEGG 中差异基因注释到了类黄酮生物合成、DNA 聚合酶、组氨酸代谢、氮代谢、苯基丙氨酸、甘油酯代谢、α-亚麻酸代谢、肽聚糖生物合成、油菜素内酯生物合成、淀粉及蔗糖代谢等 10 个代谢途径。

6.1.3　差异基因的 qRT-PCR 验证

基因芯片是一个高通量、半定量的技术平台,需要进一步实验来验证芯片结果的可靠性。从 537 个差异基因中随机选择 6 个基因,根据相应的表达序列标签(EST)设计引物,通过 qRT-PCR 技术对芯片结果进行验证,发现这些基因在 qRT-PCR 结果中的变化趋势与在芯片结果中完全一致(图 6-6),说明基因芯片结果是可靠的。

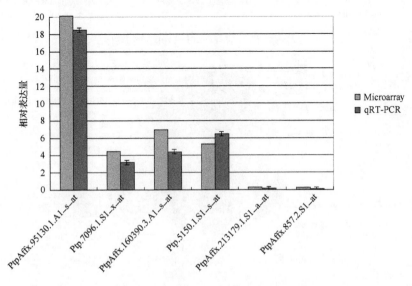

图 6-6　qRT-PCR 验证基因芯片结果

在 XL-11 中，很多胁迫应答基因发生了变化，如渗透蛋白(Q5UB69)、光诱导蛋白 ELIP(B9HKB0)上调表达，干旱诱导蛋白 RD22(B9RS62)、脱水早期诱导蛋白(O04036 和 Q9XEA1)下调表达，几丁质酶(P23472)、类几丁质酶(B9I8S5)上调表达，β-1,3-葡聚糖酶(Q9M5I9 和 Q944B1)上调表达。渗调蛋白是一种逆境适应蛋白，其基因的表达受到干旱、盐渍、病原菌侵染、乙烯、脱落酸等因子的诱导，与植物的抗旱、耐盐和抗病性有关。光诱导蛋白 ELIP 的表达是叶绿体内光损伤的适应性反应，Zeng 等(2002)研究认为，在干旱、高盐、高光强、脱落酸等诱导下，该类蛋白的 mRNA 积累对保护或修复光合元件起重要作用。干旱诱导蛋白 RD22 是植物在水分缺失时产生的一种特异蛋白，具有抗盐渍和干旱胁迫的作用。在盐渍和干旱胁迫时，MyB 和 MyC 转录因子调控 *RD22* 基因的表达(Jamoussi et al.，2014)。高等植物中普遍存在几丁质酶和 β-1,3-葡聚糖酶，它们在抵御病原菌侵染的防卫反应中具有细胞壁水解酶的作用(左豫虎等，2009)。另外，过氧化物酶(B9IGP7)、谷胱甘肽 S-转移酶(B9HKX9、Q5CCP3、B9T3K4)、查尔酮合成酶(B9P9S8)的上调表达也可以增强植株抗氧化代谢循环的水平，提高植株的抗逆性(薛鑫等，2013)。

另外，XL-11 中许多与抗逆相关的转录因子发生了显著变化。WRKY 转录因子 B9HDJ4、Q93WU9、Q9LY00、B9HDJ4、B9HDB0、B9T535、Q0GGW9、B9SRT4、Q6R7N3、B9RNW4 上调表达，B9S8C8 下调表达；AP2/EREBP 转录因子 Q6PQQ3、B9H6Q2、B9GS58 上调表达，Q94AN4 和 B9I4F3 下调表达；MYB 转录因子(Q60D04)上调表达；NAC 转录因子(B9H1P6、B9GRS9、B9GI76)上调表达；bZIP 转录因子(B9GK20)上调表达。这些转录因子通过与其调控的下游基因启动子区的顺式作用元件结合而直接调控靶基因的表达，或形成同源、异源二聚体，或与其他蛋白互作成为某种活化形式进而参与脱落酸、茉莉酸、水杨酸等信号转导途径，形成基因表达的调控网络，在植物生长发育和逆境胁迫应答过程中发挥重要的作用(刘欣和李云，2006)。

蛋白质磷酸化是生物体内普遍存在的调节机制，在细胞信号识别与转导中具有重要作用。蛋白激酶和蛋白磷酸酶是调控这一过程的两类关键酶(舒卫国和陈受宜，2000)。在 XL-11 中，大量蛋白激酶和蛋白磷酸酶的基因表达发生了变化。丝氨酸/苏氨酸激酶 B9IH68、B9NFR1、B9R8N8、B9RX83、B9RS14 上调表达，Q8VYG0 和 B9S1N3 下调表达；周期蛋白依赖性激酶(Q9SJW9)上调表达；富含亮氨酸重复的蛋白激酶 Q8VZG8 和 Q75WU3 上调表达，C0LGE0 下调表达；蛋白磷酸化酶 PP2C(O81760)上调表达。另外，丝裂原活化蛋白激酶(mitogen-activated protein kinase，MAPK)在植物生长发育调节和抗逆过程中具有重要作用，广泛参与激素、逆境胁迫、病原菌侵染等信号转导过程(张振才等，2014)。XL-11 中，MAPK(B9SJ54)上调表达；MAPK 激活蛋白(B6TKI4)下调表达。Ca^{2+}是植物盐渍和干旱胁迫信号传递的第二信使，对胁迫信号传递和基因调控起重要作用(龚伟和王伯初,2011)。在 XL-11 中，钙调蛋白(B9RJA9)、钙调蛋白结合蛋白(CV791838)、类钙调蛋白(Q6ZXI3、Q40982、CV793036)及钙结合蛋白(B9IJZ4)的表达也发生了复杂的变化。钙结合蛋白可以通过感知渗透胁迫和脱落酸浓度的变化，进而调控植物抗盐胁迫中的离子平衡(张和臣等，2007)。此外，钙结合蛋白还可以与丝氨酸/苏氨酸激酶作用并将其激活，进而调控耐盐基因的转录丰度和 Na^+/H^+反向运输蛋白的活性，从而降低胞质内 Na^+浓度，提高植株的耐盐性(王芳等，2012)。

XL-11 中许多参与激素合成及调控的基因发生了变化，包括生长素、赤霉素、细胞分裂素、脱落酸、乙烯、油菜素内酯和茉莉酸等，这些激素在植物生长发育和抗逆境胁迫中发挥了重要作用(师晨娟等，2006)。脱落酸合成途径中的关键酶9-顺式环氧类胡萝卜素双加氧酶 NCED4(O49675)下调表达。生长素相关的基因也发生了变化，如 Cullin 中 B9RT30 上调表达，AUX/IAA 蛋白(Q8RW16、Q8RW14、Q8RW15)下调表达，生长素运输蛋白(Q9FVF7)上调表达。已有研究证明，生长素受体 TIR1 与 Cullin、RBX1 及 SKP1 一起形成一个 SCFTIR1 复合体，催化激活状态的泛素分子从泛素连接酶 E3 转移到底物分子。AUX/IAA 蛋白作为 TIR1 识别的底物，经泛素化修饰后进入 26S 蛋白酶体途径发生降解(皮冬梅和刘悦萍，2011)。研究发现，油菜素内酯不仅能刺激细胞的延伸、改变酶的活性及膜电位，还能参与 DNA、RNA 和蛋白质的合成，促进光调节和增加乙烯产量(储昭庆等，2006)。BRI1 蛋白最早被确定为油菜素内酯信号途径的受体，油菜素内酯可以与 BRI1 在体内结合并诱导 BRI 发生自磷酸化(Kinoshita et al.，2005)。在 XL-11 中，*DWF5* 和 *BAK1* 上调表达。DWF5 是一个油菜素内酯合成酶，该基因突变会导致植株矮化(Tanaka et al.，2005)。BAK1 是一类丝氨酸/苏氨酸激酶，在体内或体外都可以与 BRI1 结合，在体内诱导 BAK1 和 BRI1 磷酸化，启动油菜素内酯的下游信号响应(Wang et al.，2008)。另外，XL-11 中与赤霉素、细胞分裂素、乙烯及茉莉酸相关的基因也发生了变化，如赤霉素调控蛋白(B9SLF3)下调表达；乙烯响应转录因子 CRF2(Q9SUQ2)上调表达；bHLH 转录因子 Q93VJ4 和 Q9XEF0 下调表达，Q9SUB6 上调表达；AP2/ERF 蛋白(B9GS58)、AIL5 蛋白(Q6PQQ3)上调表达；JAZ10 蛋白(Q93ZM9)上调表达。此外，XL-11 的细胞色素 P450 蛋白 Q9LVY7、Q8W4T9、O81971、B9RBQ8 上调表达，Q9CAD6、O48925、Q2LAK1、O48786、O64631、B9GJA3 下调表达。细胞色素 P450 蛋白是最大的酶蛋白超家族之一，属于末端加氧酶，从 NAD(P)H 获得电子后，催化单加氧反应(杨学文和彭镇华，

2010)。已有的研究表明，细胞色素 P450 参与了油菜素内酯、赤霉素、黄酮类化合物、脱落酸、木质素等多种植物代谢物的合成，并在植物生长发育和抗逆过程中具有十分重要的作用(周卫红等，2009)。

　　通过对芯片结果分析，发现在转 *TaLEA* 小黑杨中 *TaLEA* 基因的过量表达可能引起其他抗逆基因的表达发生改变，进而共同抵御逆境胁迫。基于以上分析，我们对 *TaLEA* 蛋白的抗逆机理有两种推测：其一，组成型表达的 *TaLEA* 蛋白在细胞中除担任保护蛋白的角色外，还可能与植物内部的信号分子作用，激活抗逆信号系统，诱导 XL-11 中其他抗逆基因表达；其二，*TaLEA* 蛋白可能作为转录因子调控其他抗性基因的表达，使植株产生抗逆反应。同时，XL-11 中很多与激素合成及调控相关基因的表达也发生了变化，这些基因很可能影响了激素的信号转导通路，进而影响植物的生长发育，从而导致 XL-11 植株矮化的突变表型(Yuan et al.，2012；刘玲等，2013)。

6.2　转 *TaLEA* 小黑杨蛋白表达谱分析

6.2.1　差异蛋白的功能分类

　　利用无标记定量分析对 XL-11 与非转基因 CK 进行差异蛋白质组分析，共获得差异蛋白 380 个，根据 EMBL-EBI 数据库(http://www.ebi.ac.uk/)中的蛋白序列，利用 Clustal X 进行同源序列比对，去除冗余后共筛选出 99 个差异蛋白。XL-11 与 CK 相比，上调表达蛋白有 32 个，下调表达蛋白有 17 个。XL-11 中特异表达蛋白有 33 个，CK 中特异表达蛋白有 17 个。

　　在 99 个差异蛋白中，已知杨树蛋白有 32 个，其余 67 个为未知蛋白或预测蛋白。将未知或预测蛋白在 ExPASy(http://www.expasy.org/tools/blast/)中进行 BLAST 比对，找出该蛋白在数据库中的同源蛋白。依据 UniProt(http://www.uniprot.org/)和 KEGG(https://www.kegg.jp/)数据库的信息对 99 个差异蛋白进行功能分类，除 15 个未能分类的蛋白(占 15.2%)外，其他蛋白共分为代谢(35 个蛋白，占 35.4%)、胁迫(8 个蛋白，占 8.1%)、蛋白质合成和降解(31 个蛋白，占 31.3%)、转录因子(4 个蛋白，占 4.0%)、细胞命运(2 个蛋白，占 2.0%)、转运(2 个蛋白，占 2.0%)、细胞壁相关蛋白(1 个蛋白，占 1.0%)、细胞骨架蛋白(1 个蛋白，占 1.0%)等 8 类(图 6-7、图 6-8)。

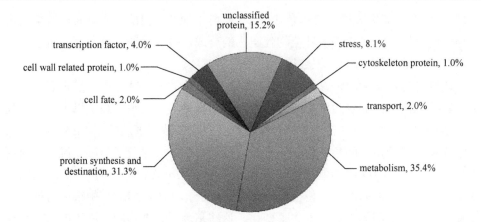

图 6-7　差异蛋白的功能分类(彩图请扫封底二维码)

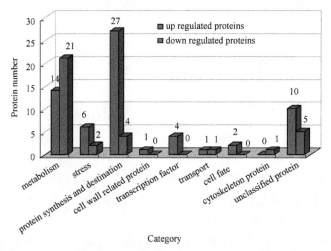

图 6-8　上调和下调蛋白在各功能分类中的分布(彩图请扫封底二维码)

6.2.2　差异蛋白与差异基因的比较

通过无标记定量分析得到的差异蛋白数量明显少于芯片中发现的差异基因数量。将这两组结果进行比较,在糖酵解、磷酸肌醇代谢、氮代谢等代谢通路中的基因和蛋白质差异表达情况基本一致。例如,在 XL-11 中,肌醇-1-磷酸合成酶(myo inositol-1-phosphate synthase, MIPS)(B9H558)的基因上调表达 3.2 倍,蛋白质上调表达 1.4 倍;钙网蛋白(B9N4Q4)基因上调表达 2.1 倍,蛋白质上调表达 1.7 倍。也有很多基因与蛋白质的变化趋势不一致,在激酶、信号转导、激素、细胞壁及转录调控中很多基因差异表达,但其蛋白质的表达没有显著差异;在蛋白质水平,细胞命运、核糖体蛋白、翻译起始因子为差异表达,但这些基因在 XL-11 与 CK 中的表达几乎没有差异(图 6-9)。

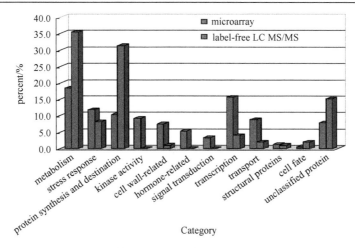

图 6-9　基因芯片与无标记定量分析结果比较(彩图请扫封底二维码)

LC MS/MS.liquid Chromatography Mass Spectrometry/Mass Spectrometry

利用无标记定量分析对 XL-11 和 CK 进行蛋白质组学分析,共发现 99 个差异蛋白,除 15 个未分类蛋白外,其他蛋白分为代谢、胁迫、蛋白质合成和降解、转录因子、细胞命运、转运、细胞壁与细胞骨架等相关蛋白。

(1)代谢相关蛋白

核酮糖-1,5-二磷酸羧化酶/加氧酶(Rubisco)是光合作用中的关键酶,Rubisco 催化 CO_2 固定,控制光合作用碳固定和光呼吸氧化过程,与光合速率紧密相关(Salvucci and Crafts-Brandner,2004)。在 XL-11 中,Rubisco 大亚基(C6KK02)和 Rubisco 短链(A9PJL4)都下调表达。光捕获复合体 II 蛋白 Lhcb8(B9HHN0)、OEE 蛋白(A9PGP9)在 XL-11 中特异表达。光捕获复合体 I 蛋白 Lhca3(A9PE75)、光系统 I 蛋白(B3VXC8)在 XL-11 中下调表达。质体蓝素 A(A9PK67)、OEE 蛋白(A9PF82)、细胞色素 P450(B9N7D9)在 CK 中特异表达。还有很多与糖酵解相关的酶发生了变化,丙酮酸激酶(B9I518)是糖酵解途径中的主要限速酶之一,在 CK 中特异表达。另外,果糖-2-磷酸醛缩酶(A9PGW0)、3-磷酸甘油醛脱氢酶(Q3LUR8、A9PG06、Q5ZFN8、B9GPQ6)、丙糖磷酸异构酶(A9PH17)、2,3-二磷酸甘油酸变位酶(A9PG58)、烯醇酶(A9PIJ2)的表达也都发生了变化,但这 6 种酶的变化趋势不同,推测它们可能还参与了其他的代谢途径。

肌醇作为一种重要的渗透保护物质,不仅是植物细胞中磷元素的主要贮存形式,而且在信号转导、抗逆、激素贮存与运输、细胞壁合成等方面具有十分重要的作用(钮旭光等,2006)。此外,肌醇还是植物第二信使分子 IP3 的前体物质。IP3 以水溶形式进入细胞质,诱导 Ca^{2+} 从细胞内源钙库释放,调节 Ca^{2+} 依赖的酶及通道,从而改变植物细胞对外界信号刺激的应答(Hohendanner et al.,2014)。细胞内肌醇含量受肌醇-1-磷酸合成酶(MIPS)的调控,MIPS 结合辅因子 NAD^+ 催化

D-葡萄糖-6 磷酸生成肌醇-1-磷酸,进而脱磷酸生成肌醇(杨楠等,2017)。在 XL-11中,MIPS(B9H558)上调表达,推测 XL-11 的肌醇合成途径可能发生变化。

另外,还有一些与脂类、氨基酸及核苷酸代谢相关的蛋白在 XL-11 中特异表达,如 β-酮脂酰辅酶 A 硫解酶(B9GMG4)、生物素羧基载体蛋白(B9HSI2)、甲硫氨酸合成酶(A9PII3)及腺苷酸合成酶(A9PB19)。可以看出,XL-11 的细胞中发生了复杂的网络变化,这一网络覆盖了很多物质的代谢过程。

(2)逆境胁迫相关蛋白

与芯片结果一致,在 XL-11 中有很多与抗氧化相关的酶特异表达或上调表达,如超氧化物歧化酶(Q9AR76)、抗坏血酸过氧化物酶(B9MT80)、谷胱甘肽 S-转移酶(A9PHH6)特异表达,过氧化物酶(A9PGX5)上调表达。这些酶能够清除植物体内的活性氧,增强其抗氧化代谢循环的水平,提高植物的抗逆性。

(3)蛋白质合成及折叠、加工、降解相关蛋白

核糖体蛋白参与复制、转录、DNA 修复、RNA 加工、发育调控等生物学过程。核糖体蛋白质合成的调控是控制核糖体组装和功能的一个重要机制(Blasi et al.,2002)。真核起始因子 1A(eIF1A)参与蛋白质合成起始的第一步,即在 eIF1A 的参与下,使 eIF2:GTP:tRNA 组成三元复合体,该复合体与 40S 核糖体亚基结合进而启动翻译过程(高彩球等,2007)。在 XL-11 中,40S 核糖体蛋白 S15、Sa(A9PAQ1、B9NA44)特异表达;40S 核糖体蛋白 S5、S2、S19(B9H9X8、A9PDI4、B9H0J0),60S 核糖体蛋白 Po、L12(B9HSR0、A9PBL0),核糖体蛋白 117(A9P8I4)、多聚腺苷酸结合蛋白(B9GHB4)及 eIF1A(B9HU41)均上调表达。

还有一些与蛋白折叠、加工及降解相关的蛋白在 XL-11 中发生变化,如多聚泛素(Q9M551)、肽基脯氨酰顺反异构酶(A9P9C8)、金属硫蛋白(B9H5F6)特异表达。泛素是维持细胞内环境稳定必需的物质,主要作用于细胞分裂和细胞分化中的蛋白质降解过程。泛素蛋白在 ATP 提供能量的情况下,能选择性地降解细胞内的蛋白质,对保持染色体结构、调控基因表达、胁迫响应及合成核糖体具有重要作用(魏丕伟和施季森,2009)。肽基脯氨酰顺反异构酶能特异识别和结合蛋白磷酸化的丝/苏-脯氨酰基序,催化磷酸化的丝/苏-脯氨酸肽键构型改变,从而改变磷酸化蛋白的功能(王海波,2010)。丝氨酸或苏氨酸的磷酸化修饰是细胞信号通路调控的重要机制,在细胞周期调节、转录、分化和增殖等过程中具有重要作用(Albert et al.,1999)。金属硫蛋白广泛分布于原核生物和真核生物中,是避免蛋白(或自由基)有害积累体系的一部分,负责原生质膜、线粒体膜、叶绿体膜上未装配蛋白的降解,通过及时降解非复合体形式的自由基来避免其可能的有害积累(张艳和杨传平,2006)。

蛋白质二硫键异构酶(B9IAL5 和 A9PJ12)、热激蛋白(B9GX02、B9HN74、B9GXU0、Q8GUW2)、GroES 分子伴侣(A9PIF1)、葡萄糖调节蛋白(B9I1Y2)、

钙连蛋白(A9PHA6)、钙网蛋白(B9N4Q4)及锚蛋白(B9MZ39)在 XL-11 中均上调表达。蛋白质二硫键异构酶催化新生多肽折叠并在内质网受胁迫时形成二硫键(王志强等, 2009)。热激蛋白使生物体对高温环境迅速做出应激反应, 开启应激基因, 促进细胞抗损伤, 并有助于细胞恢复正常的结构和机能(陈华友等, 2008)。葡萄糖调节蛋白是应激状态下细胞表达的一类应激蛋白, 是热激蛋白的重要组成部分(邵淑红和潘芳, 2004)。钙连蛋白和钙网蛋白是存在于内质网的分子伴侣蛋白, 可同尚未完全折叠蛋白的寡糖链相结合, 防止蛋白质彼此聚集和泛素化, 避免折叠不完全的蛋白质离开内质网; 同时, 也可促进其他伴侣蛋白与这些蛋白相结合, 使其折叠完全(Williams, 2006)。锚蛋白的作用集中在信号转导中的自身防御、发育调控、物质转运及蛋白磷酸化(许瑞瑞等, 2013)。由此可见, XL-11 中多种与折叠、修饰相关的蛋白发生了变化, 这些蛋白介导不同调节蛋白的大分子识别, 广泛参与调节蛋白之间的相互作用, 具有复杂的生物学功能(Chen et al., 2012b)。

(4)细胞壁及细胞骨架相关蛋白

在 XL-11 中, 富含甘氨酸蛋白(B9H173)上调表达。富含甘氨酸蛋白是广泛存在于植物细胞壁上的一种结构蛋白, 研究发现其参与干旱、盐渍、低温、病原菌等多种胁迫应答, 在植物防御过程中具有重要作用(Ringli et al., 2001)。微管蛋白是由高度保守的 α-tubulin 和 β-tubulin 亚基组成的异源二聚体蛋白, 通过限定质膜上纤维素合成酶的移动方向指导微纤维的生成方向, 控制细胞壁中纤维素的沉积, 实现细胞形态建成(饶国栋和张建国, 2013)。本研究中, α-tubulin(TBA_POPEU)在 CK 中特异表达, 在 XL-11 中不表达。因此推测 α-tubulin 的差异表达很可能影响了细胞的分裂和伸长, 进而影响了 XL-11 的生长发育。

(5)转录调控相关蛋白

在无标记定量分析中, 只有少数几个与转录调控相关的蛋白发生了变化。XL-11 中 DEAD-box RNA 解旋酶(B9N3Y9)下调表达, 转录因子 BTF3(A9PJS0)上调表达。DEAD-box RNA 解旋酶存在于绝大多数生物中, 可以在 ATP 存在的条件下, 打开双链 DNA 或 RNA 的二级结构, 参与 RNA 转录、前体 mRNA 剪切、核糖体发生、核质运输、蛋白质翻译、RNA 降解等活动, 在调控植物细胞增殖、质体分化、营养器官发育、有性生殖、种子活力保持及 miRNA 生物发生等过程中发挥重要作用(张姗姗等, 2006), 因此推测 DEAD-box RNA 解旋酶的差异表达很可能对 XL-11 的生长发育产生重要影响。NAC 转录因子是由 α 和 β 两个亚基组成的异源二聚体, 结合在与核糖体连接的多肽链上, 通过阻止初生肽链和信号识别颗粒之间不正确的相互作用, 控制初生蛋白的亚细胞定位。其 β 亚基即为转录因子 BTF3(李伟等, 2011)。Yang 等(2007)对烟草 BTF3 进行基因沉默, 导致其叶片发黄、形态异常, 影响了叶绿体和线粒体的发育及生理作用。由此可见, BTF3 不仅可以调节基因表达、抑制细胞凋亡, 对细胞乃至生物体的生长发育及形态建成也有一定影响(何苗等，2009)。

(6)转运蛋白

ABC 转运蛋白(B9GVL2)在 XL-11 中特异表达。ABC 转运蛋白是目前已知最大、功能最广泛的蛋白家族，参与生物体内肽、糖、脂、重金属螯合物、多糖、生物碱、类固醇、无机离子和谷胱甘肽结合物等多种物质的转运。此外，ABC 转运蛋白在植物脂质降解、外源毒素解毒、植物抗病和气孔功能调节等一系列过程中都发挥作用(邵若玄等，2013)。有研究表明，植物产生的生物碱、萜类和酚类化合物可保护植物免受生物和与非生物胁迫的损伤，而这些化合物的累积和分泌受 ABC 转运蛋白的调节(金宏滨等，2007)。非特异性脂质转运蛋白(A9PJG2)在 XL-11 中下调表达。非特异性脂质转运蛋白是一类富含半胱氨酸残基的碱性蛋白，其可以抑制 α 淀粉酶的活性，进而使植物具有抗虫的潜力(Jones and Marinac，2000)。另外，非特异性脂质转运蛋白可与控制植物防御反应的受体相结合，激发植物体内的抗病防御机制(刘关君等，2008)。

(7)细胞命运相关蛋白

在植物生长发育过程中，细胞周期受到严格的控制，个体的发育、组织的分化再生及细胞的衰老都与细胞周期密切相关。在 XL-11 中，细胞分裂蛋白 FtsZ(B9MYX3)特异表达，细胞分裂周期蛋白 CDC48(B9IEV5)上调表达。FtsZ 控制质体的分裂过程，已有研究证明 FtsZ 与质体的分裂和形态维持有关(Osawa et al.，2008)。CDC48 是最重要的细胞周期调节蛋白之一，可参与有丝分裂、纺锤体组装、同类膜系统融合、内质网相关蛋白降解等一系列重要的生理活动(Buchan et al.，2013)。拟南芥细胞分裂过程中 AtCDC48 与 KNOLLE 及 SYP31 共同定位在细胞板的位置，推测该蛋白参与新细胞壁的形成；间期 AtCDC48 与核转运受体蛋白共同定位，推测 AtCDC48 与细胞分裂过程中核膜的解体及重建也有关系(Rienties et al.，2005)。刘丽娜等(2006)将烟草 CDC48 基因转入裂殖酵母使其过量表达，发现细胞明显伸长并产生多核现象，可能是因为该基因过量表达导致细胞不能生成中央隔膜、胞质分裂受阻。由此推测 FtsZ 与 CDC48 的上调表达可能对细胞周期产生影响，进而影响 XL-11 的生长发育。

关于转录组与蛋白质组结果比较的研究很多，不同研究得到的转录组和蛋白质组相关性结果不完全一致(吴松峰等，2005)。Nishizuka 等(2003)利用 cDNA 和 oligo 基因芯片及反相溶解物芯片对人类 NCI-60 的 60 个癌细胞系进行了转录组与蛋白质组的研究，得到 19 个在 cDNA 和 oligo 基因芯片中相关性良好的基因，这 19 个基因的 cDNA/protein 总体相关性为 0.52。Chen 等(2002)对 76 个肺腺癌和 9 个正常肺组织进行了转录组与蛋白质组的平行研究，发现转录组和蛋白质组的相关性极差，其中 28 个具有显著相关性蛋白质的相关系数仅有–0.035。Washburn 等(2003)对在营养充足和营养限制介质中培养的酵母进行分析，发现基因和蛋白质的相关系数只有 0.45。然而，甲硫氨酸合成途径中基因和蛋白质几乎呈完全正相关，说明基因和蛋白表达水平的对应关系研究不应该是对所有基因进行分析，而应该是基于通路对相关的基因和蛋白质进行分析。本研究将无标记定量分析结果与基因芯片结果进行比较，基因芯片共筛选出 537 个差异基因，无标记定量分析共筛选出 99 个差异蛋白，在蛋白水平发生变化的基因明显减少。在糖酵解、磷酸肌醇代谢、氮代谢等通路中，基因和蛋白质的表达差异基本吻合。然而，也有很多基因和蛋白质的变化趋势不一致。在激酶、信号转导、激素合成与调控、细胞壁合成及转录调控中，很多基因在 XL-11 与 CK 中差异表达，但相关蛋白质的表达却没有显著差异；核糖体蛋白、翻译起始因子在 XL-11 与 CK 中差异表达，但相关基因的表达水平几乎没有差异。在细胞中存在转录后(RNA 剪切、加工、拼接、代谢、成熟和稳定性调节)、翻译(起始、延长)及翻译后(蛋白质加工修饰及定位)等的精细而复杂的调控机制，这些调控机制可能导致了上述基因和蛋白表达水平不一致。基因和蛋白表达水平的变化将为研究抗逆基因转录后的调控机制提供重要线索。

7 转 *TaLEA* 基因小黑杨生长稳定性研究

前期研究表明，部分转 *TaLEA* 基因株系在苗期的抗旱、抗寒和耐盐性远远高于非转基因野生型小黑杨(黄海娇等，2009；王遂等，2011)。转基因是手段，转入基因最终是为了获得转基因新品种进而进行推广，而新培育株系在推广前，需要进行区域化试验，来鉴定株系生长的适应性及稳定性。遗传稳定性分析是评价品种适应性、稳定性的重要方法之一(McKeand et al.，1990；姜岳忠等，2006)。我们在获得区域性中试许可(林技许准[2009]13 号)后，对不同转 *TaLEA* 基因株系进行多点造林，发现不同基因型在相同环境条件下或者相同无性系在不同环境条件下生长量差异均较大(李志新等，2013；刘梦然等，2014)，表明插入位点和环境因素对不同无性系生长发育均有较大影响。对于苗期来说，环境影响更为重要，水、肥管理水平不仅可以影响苗木生长的优劣，还可以影响苗木的出圃时间。因此，本研究通过对各株系苗期的苗高、地径进行调查，运用逻辑斯谛(Logistic)模型对苗高和地径的生长过程进行拟合，探讨转基因小黑杨株系苗期的生长规律，同时对各株系的生长稳定性进行评价，为进一步的环境释放及品种选育提供理论依据。

7.1 转 *TaLEA* 小黑杨苗期生长性状 Logistic 模型构建

7.1.1 转 *TaLEA* 小黑杨苗高和地径方差分析

试验材料包括 10 个转 *TaLEA* 基因株系(XL-1、XL-3、XL-4、XL-5、XL-6、XL-7、XL-9、XL-10、XL-13 和 XL-14)和一个非转基因对照株系(CK)，每个株系选择生长正常的 20 株调查苗高和地径，方差分析结果表明，不同株系间苗高和地径的差异均达极显著水平(表 7-1)。

表 7-1　不同株系间苗高和地径的方差分析

性状	变异来源	自由度	平方和	均方	F
苗高	株系	10	2 514.440	251.444	2.741[**]
	误差	209	19 175.883	91.751	—
	总计	219	21 690.323	—	—
地径	株系	10	244.767	24.477	17.706[**]
	误差	209	288.925	1.382	—
	总计	219	533.693	—	—

7.1.2 转 *TaLEA* 小黑杨苗高年生长模型构建

利用所有参试株系的苗高观测值，建立苗高的生长模型，发现各株系苗高生长模型的拟合系数(R^2)均超过 0.970(表 7-2)，表明利用 Logistic 方程拟合转 *TaLEA* 基因小黑杨苗高的生长节律是可行的。其中，XL-1 的苗高实测值最高，达到 181.51cm；其次为 XL-9，苗高达到 173.00cm；CK 的苗高为 155.97cm；XL-5 的苗高最低，仅有 152.68cm。对各株系苗高的生长过程进行拟合，发现所有株系苗高的生长过程均高度符合"S"形曲线(图 7-1)。

表 7-2 不同株系苗高的 Logistic 模型

株系	实测值/cm	k	R^2	a	b
XL-1	181.51	182.38	0.988	361.337	0.947
XL-3	159.50	159.03	0.988	778.146	0.941
XL-10	159.50	159.83	0.989	867.287	0.941
CK	155.97	159.42	0.973	333.489	0.947
XL-13	155.97	158.38	0.988	207.253	0.949
XL-9	173.00	175.54	0.988	461.825	0.945
XL-5	152.68	157.86	0.979	65.255	0.955
XL-4	157.84	160.17	0.986	179.473	0.950
XL-6	155.75	158.74	0.988	171.762	0.950
XL-14	165.79	168.85	0.994	177.326	0.949
XL-7	170.83	171.83	0.979	713.445	0.942

注：k 为生长极限值；a 和 b 分别为 Logistic 方程计算过程中的两个参数

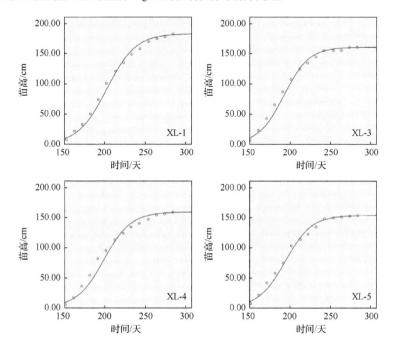

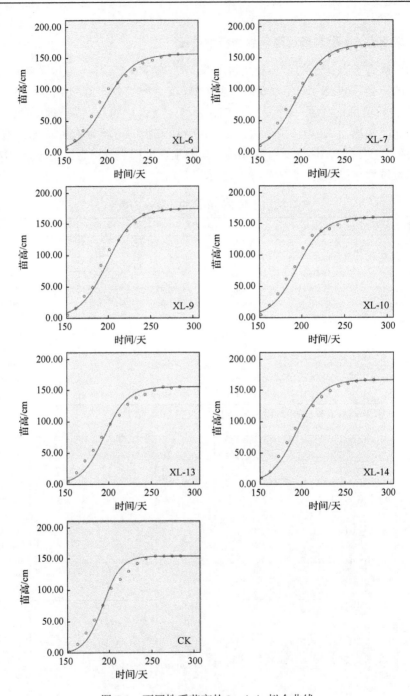

图 7-1 不同株系苗高的 Logistic 拟合曲线

7.1.3　转 *TaLEA* 小黑杨地径年生长模型构建

对所有株系的地径进行模型构建，发现 k 值与实测值差异较小，且方程拟合系数均超过 0.990（表 7-3），表明方程拟合效果好。其中，XL-1 地径最大，为 12.18cm；其次为 XL-9，达到 11.25cm；XL-5 地径最小，仅有 8.26cm。11 个株系的地径拟合曲线也高度符合"S"形曲线（图 7-2）。

表 7-3　不同株系地径的 Logistic 模型

株系	实测值/cm	k	R^2	a	b
XL-6	9.25	9.26	0.994	772.222	0.954
CK	9.17	9.32	0.996	140.318	0.962
XL-10	8.70	9.49	0.992	40.437	0.970
XL-4	10.09	10.47	0.998	185.561	0.962
XL-7	10.30	10.54	0.992	103.487	0.964
XL-5	8.26	8.62	0.996	100.613	0.965
XL-13	9.17	9.26	0.999	564.420	0.954
XL-1	12.18	13.70	0.993	56.842	0.969
XL-9	11.25	11.56	0.998	151.129	0.961
XL-14	10.12	9.97	0.992	150.782	0.961
XL-3	8.41	8.76	0.990	104.115	0.965

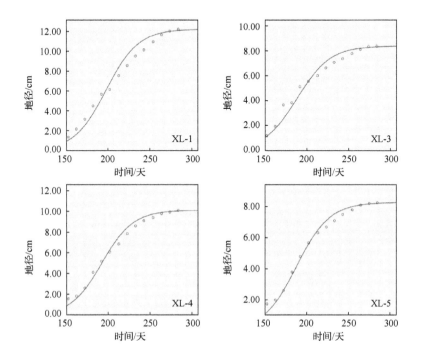

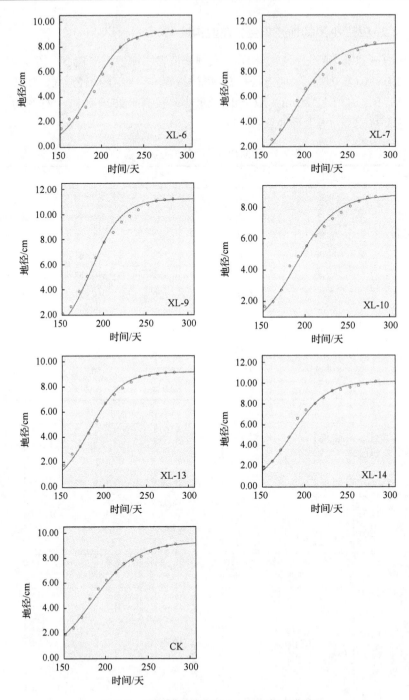

图 7-2　不同株系地径的 Logistic 拟合曲线

7.1.4　转 *TaLEA* 小黑杨苗高年生长阶段划分

对苗高的 Logistic 方程求导数，获得苗高的速生点(t_0)；再利用三阶导数将苗高的年生长阶段划分出速生期起始时间(t_1)、速生期结束时间(t_2)和速生期(t_1–t_2)(赵曦阳和张志毅，2013)；还可通过方程计算苗高生长过程的速生期持续期(RR)、速生期内平均生长量(GR)、速生期内日生长量的平均值(GD)和速生期内生长量占总生长量的比例(RRA)等(李志新等，2013)。

计算发现，小黑杨各株系速生期起始时间的平均值为第 174 天，其中 XL-3 在第 171 天就开始进入速生期，而 XL-1 在第 180 天才进入速生期；在速生期结束时间方面，各株系速生期结束时间的平均值为第 223 天，其中 XL-3 速生期结束最早，第 214 天就已经结束速生期，而 XL-5 速生期结束最晚，可以达到第 229 天；从速生点来看，XL-3 最早到达速生点(第 193 天)，XL-1 最晚到达速生点(第 204 天)；从速生期持续期来看，各株系平均速生期持续期为 48 天，XL-3 和 XL-10 的速生期持续期最短，仅有 43 天，XL-5 的速生期持续期最长，达到 57 天；从速生期内平均生长量来看，所有株系速生期内苗高生长量的平均值为 89.52cm，其中 XL-7 平均生长量最小，仅有 81.56cm，XL-9 平均生长量最大，达到 97.50cm；XL-10 速生期内苗高日生长量平均值最大，达到 2.15cm，其次分别为 XL-9(2.12cm)和 XL-1(2.02cm)，而 XL-5 速生期内苗高日生长量平均值最小，只有 1.53cm；所有株系速生期内生长量占总生长量的比例在 0.48～0.58，平均值为 0.55(表 7-4)。

表 7-4　不同株系苗高的年生长参数

株系	t_1/天	t_2/天	t_0/天	RR/天	GR/cm	GD/cm	RRA
XL-1	180	228	204	48	96.93	2.02	0.53
XL-3	171	214	193	43	84.76	1.97	0.53
XL-10	173	216	195	43	92.44	2.15	0.58
CK	176	224	200	48	86.99	1.81	0.56
XL-13	173	224	199	51	89.62	1.76	0.57
XL-9	177	223	200	46	97.50	2.12	0.56
XL-5	172	229	201	57	87.40	1.53	0.57
XL-4	174	226	200	52	86.75	1.67	0.55
XL-6	173	225	199	52	87.33	1.68	0.56
XL-14	172	222	197	50	93.40	1.87	0.56
XL-7	174	218	196	44	81.56	1.85	0.48
平均值	174	223	199	48	89.52	1.86	0.55
最小值	171	214	193	43	81.56	1.53	0.48
最大值	180	229	204	57	97.50	2.13	0.58

注：t_0 为速生点，t_1 为速生期起始时间，t_2 为速生期结束时间，RR 为速生期持续期，GR 为速生期内平均生长量，GD 为速生期内日生长量的平均值，RRA 为速生期内生长量占总生长量的比例，全书同

7.1.5 转 *TaLEA* 小黑杨地径年生长阶段划分

与苗高生长量不同，各株系的地径生长量进入速生期的时间较早，平均第 156 天就进入速生期，但是速生期结束的平均时间较晚，为第 226 天；到达速生点的平均时间为第 191 天，比苗高稍早；地径的平均速生期持续期显著大于苗高，达到 70 天；速生期内地径生长量占总生长量比例的平均值比苗高大，达到 0.62；XL-10 的苗高速生期持续期最短，仅有 43 天，但其地径速生期持续期却最长，达到 87 天；XL-1 的速生期内地径平均生长量最大，达到 7.90mm；XL-9 的速生期内日地径生长量平均值最高，达 0.11mm（表 7-5）。

表 7-5　不同株系地径的年生长参数

株系	t_1/天	t_2/天	t_0/天	RR/天	GR/cm	GD/cm	RRA
XL-6	161	216	188	55	4.88	0.09	0.53
CK	151	219	185	68	5.38	0.08	0.59
XL-10	152	239	195	87	5.83	0.07	0.67
XL-4	161	229	195	68	6.47	0.10	0.64
XL-7	155	227	191	72	5.75	0.08	0.56
XL-5	153	227	190	74	5.10	0.07	0.62
XL-13	154	210	182	56	5.38	0.10	0.59
XL-1	170	253	211	83	7.90	0.10	0.65
XL-9	155	221	188	66	6.99	0.11	0.62
XL-14	151	217	184	66	6.44	0.10	0.64
XL-3	154	228	191	74	5.54	0.07	0.66
平均值	156	226	191	70	5.97	0.09	0.62
最小值	151	210	182	55	4.88	0.07	0.53
最大值	170	253	211	87	7.90	0.11	0.67

7.1.6 转 *TaLEA* 小黑杨苗高、地径与速生期各参数关系

利用苗高与苗高生长过程中各参数进行表型相关分析，在苗高方面，苗高与速生期持续期呈显著负相关，与速生期内生长量占总生长量的比例呈极显著负相关，与速生期内平均生长量、速生期内日生长量的平均值呈极显著正相关，与速生期起始时间呈极显著正相关；相比较而言，地径与速生期起始时间、速生期结束时间、速生点、速生期内平均生长量、速生期内日生长量的平均值均达到显著正相关水平；生长过程参数中，速生期起始时间、速生期结束时间和速生点之间均达极显著正相关，速生期起始时间与速生期内平均生长量呈显著正相关；苗高速生期起始时间与地径速生期内平均生长量、速生期内日生长量的平均值呈显著

正相关；速生期结束时间与速生期持续期呈极显著正相关，但是与速生期内日生长量的平均值呈极显著负相关；速生点与速生期持续期、速生期内平均生长量呈极显著正相关；速生期持续期与速生期内日生长量的平均值呈极显著负相关，但是与速生期内生长量占总生长量的比例呈极显著正相关；速生期内平均生长量与速生期内日生长量的平均值、速生期内生长量占总生长量的比例呈极显著正相关(表 7-6)。

表 7-6　苗高、地径与生长过程参数的相关分析

性状	BD	t_1	t_2	t_0	RR	GR	GD	RRA
H	—	0.719**	−0.002	0.264	−0.381*	0.531**	0.605**	−0.520**
t_1'	0.641*	—	0.423**	0.711**	−0.095	0.557**	0.367*	−0.177
t_2'	0.393*	0.583**	—	0.935**	0.855**	0.280	−0.576**	0.283
t_0'	0.528**	0.793**	0.957**	—	0.624**	0.444**	−0.294	0.175
RR	0.130	0.167	0.898**	0.733**	—	0.034	−0.815**	0.422**
GR	0.885**	0.561**	0.604**	0.659**	0.426**	—	0.542**	0.445**
GD	0.628**	0.248	−0.342*	−0.164	−0.558**	0.477**	—	−0.081
RRA	0.049	−0.014	0.566**	0.424**	0.688**	0.507**	−0.151	—

注：H 为苗高，BD 为地径

7.1.7　转 *TaLEA* 小黑杨株系苗高生长过程比较

以 XL-1、XL-5、XL-9 和 CK 的苗高生长数据作图，发现 4 个株系最初生长量差异不大，XL-5 最先进入速生期，只有 172 天；XL-1 进入速生期的时间最晚，达到 180 天。从速生期持续期来看，XL-5 持续期最长，达到 57 天；其余 3 个株系持续期只有 47～48 天。然而，从速生期内苗高平均生长量来看，XL-1 和 XL-9 显著高于 CK 和 XL-5，且 XL-1 和 XL-9 速生期内日生长量平均值也较高。另外，XL-5 虽然速生期持续期较长，但其速生期内日生长量平均值较小，最终导致该株系的平均生长量较小(图 7-3)。

随着计算机技术及数学、统计学等多学科在林木育种中的应用，利用数学模型模拟植物生长过程得到了研究者的广泛重视(Campos et al.，2006；Fu et al.，2010)。林木生长规律的合理预测和分析可以提高林业经营水平(于政中，1991)，对于林木苗期来说，苗期中生长最快的时候是苗木生产管理的关键时期，这个时期如果能够给予足够的水肥，可以使苗木的生长速度达到最大，进一步缩短苗木出圃时间，进而提高造林成活率(赵曦阳和张志毅，2013)。本研究利用 Logistic 模型模拟转 *TaLEA* 小黑杨苗高和地径的生长过程，发现苗高和地径的生长均高度符合 "S" 形曲线，且拟合系数均超过 0.90，拟合效果较好，这与毛白杨(赵曦阳和张志毅，2013)、黑杨(魏蕾等，2009)苗期 Logistic 拟合结果相近。

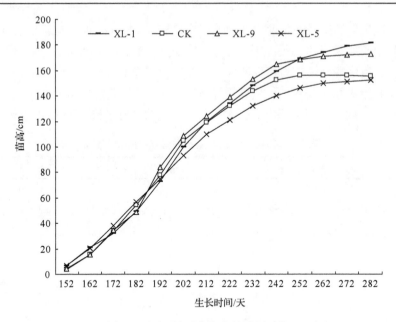

图 7-3　不同株系苗高生长过程对比

　　转 *TaLEA* 小黑杨各株系苗高和地径差异较大，这直接受到生长过程中各生长参数的影响，其中速生期持续期是衡量株系是否能够充分适应环境的主要标准，可以作为株系评价和选择的一个重要参考指标(涂忠虞和黄敏仁，1991)。XL-1 和XL-9 的苗高与地径均较大，表明这两个株系生长较快。从生长模型参数来看，这两个株系的苗高速生期持续期与其他株系相近，但这两个株系的速生期内苗高平均生长量及速生期内苗高日生长量平均值均较大，最终导致这两个株系苗高较高。XL-1 和 XL-9 地径也较大，从速生期持续期来看，XL-1 的速生期持续期为 84 天，显著高于所有株系的平均值(70 天)；而 XL-9 只有 66 天，比平均值稍低。从速生期内地径日生长量平均值来看，XL-9 的日生长量平均值为 0.11cm，是所有株系速生期内日均生长量平均值的 1.22 倍，这与相关分析中苗高、地径与速生期内苗木日生长量平均值呈正相关相符。XL-5 的苗高速生期持续期最长，但苗高最终生长量较小，这是 XL-5 速生期内日生长量平均值最小造成的，也是相关性分析中苗高与速生期持续期呈显著负相关的主要原因。因此，小黑杨株系的最终生长受到生长时间、速生期持续期、生长速度等因素的影响，探索其生长过程中的参数具有重要意义。同时，在大规模扩繁的过程中，苗木在速生期内对水肥的要求较高，可以针对不同株系选择不同时间进行施肥和浇水，这样有利于苗木对水肥的吸收，从而获得更大的生产效益。

7.2　不同地点转 *TaLEA* 小黑杨遗传稳定性分析

7.2.1　不同地点转 *TaLEA* 小黑杨树高和胸径的变异

分别对 11 个株系在 4 个试验点(错海林场、大庆市林源镇、兰西县、哈尔滨市穆家沟)进行造林(表 7-7)，每个试验点分为 4 个区组，用一年生苗木营建试验林，采用完全随机区组设计，每行排列 4 株小区，4 次重复，株行距 3m×4m。造林 3 年后，对各试验点的树高和胸径进行全林调查，发现树高和胸径在株系、地点及株系与地点交互作用的差异均极显著(表 7-8)。

表 7-7　试验点的地理气候因子

试验点	经度	纬度	海拔/m	年均温/℃	年降水量/mm	pH	土壤类型
错海林场	122°51′E	47°27′N	340	3.4	450	8.72	沙壤土
林源镇	124°19′E	45°46′N	10	4.2	428	8.25	沙壤土
兰西县	126°38′E	46°38′N	15	3.9	451	8.50	沙壤土
穆家沟	127°42′E	44°04′N	128	4.6	569	8.30	沙壤土

表 7-8　不同地点不同株系间树高和胸径的方差分析

性状	变异来源	自由度	平方和	均方	*F*
树高	地点	3	948.2631	316.088	405.196**
	株系	10	133.9194	13.391	17.167**
	株系×地点	30	149.0577	4.968	6.369**
胸径	地点	3	1779.542	593.18	482.418**
	株系	10	132.3005	13.205	10.759**
	株系×地点	30	157.1856	5.239	4.261**

不同地点不同株系小黑杨的树高和胸径如表 7-9 所示，XL-1 的树高和胸径在各个地点均最高，而其他株系在不同地点的树高、胸径表现各不相同。在树高方面，XL-6 在穆家沟的树高为 4.63m，是除 XL-1 外所有株系中最高的；但 XL-6 在错海的树高仅为 2.57m，是所有株系中最低的。在胸径方面，XL-6 在穆家沟的胸径较大，而在其他地点胸径均较小。另外，部分株系在不同地点的表现差异较大，但有些株系在不同地点的树高和胸径则比较稳定。因此，有必要对不同株系在不同地点进行遗传稳定性分析。

表 7-9 不同地点不同株系的树高和胸径

	错海			林源			兰西			穆家沟	
株系	树高/m	胸径/cm	株系	树高/m	胸径/cm	株系	树高/m	胸径/cm	株系	树高/m	胸径/cm
XL-1	3.38±0.43a	2.96±0.34a	XL-1	5.07±0.21a	4.82±0.46a	XL-1	4.10±0.62a	3.48±0.38a	XL-1	5.29±0.57a	3.74±0.38a
XL-9	3.17±0.42ab	2.70±0.38abc	XL-4	5.06±0.10a	4.82±0.47a	XL-9	4.00±0.52a	3.23±0.49ab	XL-6	4.63±0.48b	3.18±0.39b
XL-7	3.01±0.46bc	2.78±0.29ab	XL-9	4.97±0.22ab	4.82±0.55a	XL-14	3.98±0.43a	3.27±0.42ab	XL-7	4.17±0.56c	2.75±0.33c
CK	3.00±0.58bc	2.46±0.24abc	XL-10	4.94±0.43ab	4.57±0.44a	CK	3.95±0.41ab	3.24±0.39ab	XL-14	4.17±0.48c	2.65±0.31cd
XL-14	2.99±0.35bc	2.61±0.27abc	CK	4.82±0.11ab	4.71±0.39a	XL-13	3.88±0.52ab	3.33±0.44ab	XL-3	3.90±0.40cd	2.72±0.29c
XL-4	2.96±0.47bc	2.38±0.33bcd	XL-7	4.77±0.27ab	4.73±0.42a	XL-7	3.83±0.47ab	3.32±0.35ab	XL-13	3.73±0.39de	2.45±0.32cde
XL-13	2.91±0.49bcd	2.32±0.38bcd	XL-3	4.75±0.21ab	4.58±0.46a	XL-4	3.64±0.51bc	2.81±0.49cd	XL-4	3.66±0.42de	2.37±0.31cde
XL-10	2.78±0.45cde	2.25±0.29bcd	XL-13	4.57±0.55ab	4.79±0.38a	XL-10	3.61±0.41bc	2.78±0.52cd	XL-9	3.54±0.38de	2.18±0.28de
XL-3	2.70±0.36de	2.16±0.32bcd	XL-5	4.53±0.36ab	4.34±0.36a	XL-6	3.61±0.46bc	2.94±0.49bc	CK	3.52±0.41de	2.26±0.24cde
XL-5	2.60±0.33de	2.09±0.37cd	XL-6	4.43±0.12ab	4.62±0.47a	XL-3	3.44±0.45c	2.55±0.38d	XL-5	3.50±0.40de	2.34±0.42cde
XL-6	2.57±0.25e	1.81±0.24d	XL-14	4.27±0.33b	4.10±0.45b	XL-5	3.08±0.48d	2.15±0.41e	XL-10	3.38±0.42e	2.07±0.31e

7.2.2 不同地点不同转 *TaLEA* 小黑杨株系 AMMI 方差分析

考虑到树高是公认的反映立地质量的林木生长的主要性状(王军辉等, 2000),因此对不同地点不同株系小黑杨的树高进行 AMMI 方差分析。发现基因型、环境、基因型与环境互作均达到极显著水平,基因型和环境分别占总平方和的 17.86% 和 66.83%;基因型与环境互作占总平方和的 15.32%。在此基础上,进而对基因型与环境互作进行分解,分解为主成分 1 和主成分 2 两部分,主成分 1 和主成分 2 分别占总平方和的 9.37% 和 4.80%(表 7-10)。

表 7-10 不同地点不同株系间树高 AMMI 方差分析

变异来源	自由度	平方和	占总平方和的百分比/%	均方	F
基因型	10	35.76	17.86	3.57	9.01**
环境	3	133.85	66.83	44.61	112.42**
基因型×环境	30	30.67	15.32	1.02	2.57**
主成分 1	12	18.76	9.37	1.56	5.45**
主成分 2	10	9.61	4.80	0.96	3.35**
残差	8	2.29	1.14	0.28	—
误差	396	157.16	78.47	0.39	—

7.2.3 不同地点不同转 *TaLEA* 小黑杨株系的基因型-环境交互作用

AMMI 模型分析认为,若某一株系主成分 1 的数值接近于 0,说明其与环境的交互作用较小,株系在不同地点生长较稳定;若主成分 1 的绝对值较大,说明该株系对环境比较敏感;若株系与环境处于同一象限,说明该株系对这个环境有特殊的适应性(李艳艳等, 2008)。从 AMMI 模型分析(图 7-4)可以看出,XL-5、XL-10、XL-4、XL-9 和 CK 的主成分 1 均为正值,且错海、兰西和林源的主成分 1 也为正值,说明 XL-5、XL-10、XL-4、XL-9 和 CK 适合在错海、兰西与林源栽植;XL-13、XL-14、XL-6、XL-3、XL-7 和 XL-1 的主成分 1 为负值,且穆家沟的主成分 1 也为负值,说明 XL-13、XL-14、XL-6、XL-3、XL-7 和 XL-1 适合在穆家沟栽植。

在主成分 1 为正值的株系中,XL-9 的主成分 1 值最高,达到 0.53,说明 XL-9 对环境的要求较高;XL-5 的主成分 1 值仅为 0.08,说明 XL-5 对环境的要求较低。在主成分 1 为负值的株系中,XL-1 的主成分 1 绝对值最大,达到 0.47,说明 XL-1 的稳定性较差;XL-7 的主成分 1 绝对值仅为 0.06,说明 XL-7 较为稳定。

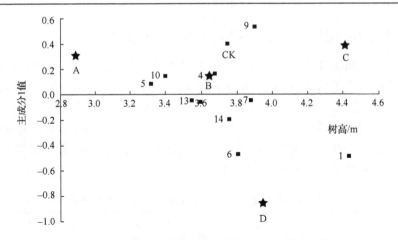

图 7-4　不同地点不同株系树高的 AMMI 模型分析

1、3、4、5、6、7、9、10、13、14 分别代表 XL-1、XL-3、XL-4、XL-5、XL-6、XL-7、XL-9、XL-10、XL-13、XL-14，A、B、C、D 分别代表错海、兰西、林源、穆家沟

　　由于不同地点的经纬度、海拔、年均气温、年降水量、土壤类型等因素均不相同，受表型可塑性的影响，同一株系在不同环境下可能产生出不同表型。AMMI模型分析结合了方差分析与主成分分析，能够有效地描述株系间与地点间的关系（Fan et al.，2001）。AMMI 模型不仅可以对不同基因型的植物在不同地点的产量进行预估，还可以对复杂的交互作用进行综合分析，从而提高育种的精确性与实验效率（Liu et al.，2015）。通过图 7-4 可以看出，林源距原点最远，为 4 个地点中生长量最大的地点。兰西距离林源较近，但林源和兰西的土壤电导率与 pH 不同，最终导致实验结果不同。错海位于齐齐哈尔市，海拔较高，土壤电导率和 pH 也较高，年均温最低，导致林木的高生长与地径生长均小于其他地点。

　　本研究中，XL-1 是 4 个地点中树高最高的株系，虽然稳定性较差，但在不同地点均显示较高的生长量，因此认为该株系是优良株系；XL-9 主成分 1 较高，受环境的影响较大，该株系在错海、兰西、林源的生长状况较好，在穆家沟生长状况较差。与其他株系相比，XL-3、XL-5、XL-7 和 XL-13 受环境的影响较小，是相对稳定的株系。

7.3　转 *TaLEA* 小黑杨多性状比较

7.3.1　转 *TaLEA* 小黑杨株系间各性状比较

　　分别对 11 个株系在黑龙江省大庆市大同区林源镇（124°19′E，45°46′N，沙壤土，pH=8.25）营建试验林。造林材料为一年生扦插苗，采用完全随机区组设计，20 株小区双行排列，5 次重复，株行距 3m×4m。造林 6 年后，测定树高、胸径、通直度、分支度、分支角度、冠幅、节间距、皮孔数量、皮孔长度、皮孔宽度、地径皮厚、胸径皮厚、叶片长度、叶片宽度、单叶面积等性状。

方差分析表明,小黑杨株系间各性状的差异均极显著(表 7-11)。在树高方面,XL-1 最高,达到 8.64m,XL-14 最小,仅有 6.41m;在胸径、通直度和分支度方面,XL-1 和 XL-9 相对较大;在冠幅方面,XL-13 最大,达到 2.49m,XL-7 最小,仅有 2.04m;在分支角度方面,XL-3 分支角度最大,达到 137.89°,XL-7 最小,仅有 125.44°;在节间距方面,XL-10 最大,达到 34.22cm,XL-5 最小,仅有 26.00cm;从皮孔性状来看,XL-5 的皮孔数量最多,达到 8.78 个/cm^2,XL-9 的皮孔数量最少,只有 4.33 个/cm^2;XL-10 的皮孔长度最大,达到 7.56mm,XL-3 皮孔宽度最大,达到 3.90mm;各株系地径皮厚和胸径皮厚达到显著差异水平,分别处于 3～4mm 和 2～3mm;XL-1 和 XL-9 的叶片长度、叶片宽度和单叶面积较大,XL-6 叶片长度、叶片宽度和单叶面积均最小(表 7-12)。

表 7-11 不同株系间各性状的方差分析

性状	自由度	平方和	均方	F
树高	10	89.21	8.92	11.06**
胸径	10	205.78	20.58	9.52**
通直度	10	2.28	0.23	3.19**
分支度	10	3.01	0.30	5.38**
冠幅	10	1.27	0.13	2.64**
地径皮厚	10	1.37	0.14	3.50**
胸径皮厚	10	0.065	0.007	2.96**
分支角度	10	4018.81	401.88	2.93**
节间距	10	762.84	76.28	3.65**
皮孔数量	10	191.92	19.19	4.57**
皮孔长度	10	235.10	23.51	30.07**
皮孔宽度	10	54.54	5.45	15.89**
叶片长度	10	30.15	3.02	35.38**
叶片宽度	10	19.30	1.93	16.02**
单叶面积	10	1597.84	159.78	76.99**

表 7-12　不同株系各性状的平均值

株系	树高/m	胸径/cm	通直度	分支度	冠幅/m	分支角度/(°)	节间距/cm	皮孔数量/(个/cm²)	皮孔长度/cm	皮孔宽度/cm	地径皮厚/mm	胸径皮厚/mm	叶片长度/cm	叶片宽度/cm	单叶面积/cm²
XL-1	8.64	9.59	3.37	3.16	2.29	129.44	30.78	5.89	5.29	2.75	3.23	2.43	6.22	5.43	23.20
XL-3	7.74	8.02	3.15	3.17	2.30	137.89	33.78	5.44	6.34	3.90	3.30	2.43	5.25	4.39	15.45
XL-4	6.75	6.68	3.11	2.95	2.32	126.60	29.90	5.20	5.44	3.28	3.16	2.40	4.93	4.32	13.97
XL-5	6.69	6.58	2.79	3.00	2.40	132.22	26.00	8.78	5.34	3.05	3.25	2.42	4.89	4.42	14.03
XL-6	6.86	7.56	2.83	2.78	2.43	129.33	33.11	6.22	6.39	3.66	3.27	2.39	4.87	4.28	13.16
XL-7	7.24	7.16	2.82	2.89	2.04	125.44	27.89	4.44	5.11	2.84	3.17	2.41	5.09	4.30	14.84
XL-9	8.05	8.64	3.48	3.39	2.24	128.78	29.00	4.33	5.58	2.55	3.27	2.42	6.47	5.41	25.55
XL-10	7.65	7.36	3.30	3.04	2.32	131.78	34.22	5.33	7.56	3.25	3.30	2.41	5.14	4.33	15.25
XL-13	7.06	7.35	3.37	3.34	2.49	132.78	31.22	5.22	6.54	3.69	3.22	2.40	5.27	4.40	16.68
XL-14	6.41	6.64	2.91	2.91	2.24	135.67	26.33	8.44	4.87	3.05	3.34	2.42	5.17	4.29	15.03
CK	7.16	7.90	3.26	3.26	2.26	127.33	27.56	6.56	4.53	2.92	3.29	2.41	5.86	4.31	18.54

7.3.2 转 *TaLEA* 小黑杨株系间各性状平均值及变异参数分析

分别对 11 个株系各指标的平均值、表型变异系数、遗传变异系数和重复力进行测定与计算，在变异系数方面，15 个性状的表型变异系数介于 1.92%(胸径皮厚)~39.98%(皮孔数量)，其中地径皮厚、胸径皮厚和分支角度的表型变异系数低于 10%，通直度、分支度和皮孔数量的表型变异系数高于 30%；所有性状的遗传变异系数比表型变异系数稍低，变化范围为 0.84%(胸径皮厚)~33.42%(皮孔数量)；在重复力方面，所有性状的重复力均高于 0.6，且树高、皮孔长度、皮孔宽度、叶片长度、叶片宽度和单叶面积的重复力均高于 0.9，说明小黑杨株系各指标变异受遗传因素控制较强(表 7-13)。

表 7-13　不同株系间各性状的遗传参数

性状	平均值	表型变异系数/%	遗传变异系数/%	重复力
树高/m	7.36	20.51	15.24	0.910
胸径/cm	7.63	27.53	22.45	0.895
通直度	3.14	31.55	28.10	0.687
分支度	3.08	30.27	25.12	0.814
冠幅/m	2.30	11.18	8.67	0.621
分支角度/(°)	130.62	8.96	4.25	0.658
节间距/cm	29.98	17.17	12.25	0.726
皮孔数量/(个/cm²)	5.98	39.98	33.42	0.781
皮孔长度/cm	5.73	21.19	18.15	0.967
皮孔宽度/cm	3.18	22.23	16.25	0.937
地径皮厚/mm	3.25	5.96	3.23	0.714
胸径皮厚/mm	2.41	1.92	0.84	0.662
叶片长度/cm	5.38	11.09	8.23	0.972
叶片宽度/cm	4.54	11.83	8.64	0.938
单叶面积/cm²	16.91	24.15	15.42	0.987

7.3.3 转 *TaLEA* 小黑杨株系各性状相关分析

对各性状进行相关分析，发现树高、胸径、通直度之间均呈极显著正相关；树高与胸径皮厚、叶片长度、叶片宽度、单叶面积、节间距呈极显著正相关，与皮孔数量呈极显著负相关；胸径与分支度、胸径皮厚、叶片长度、叶片宽度、单叶面积、节间距均呈显著正相关，与皮孔数量呈显著负相关；通直度和分支度均与叶片长度、叶片宽度、单叶面积呈显著正相关；冠幅与分支角度、节间距、皮孔长度、皮孔宽度呈显著正相关，与胸径皮厚呈显著负相关；胸径皮厚与叶片长度、叶片宽度、单叶面积呈显著正相关，与地径皮厚的相关性达到显著水平；叶片长度、叶片宽度和单叶面积之间均呈极显著正相关；节间距和分支角均与皮孔长度、皮孔宽度呈显著正相关；皮孔长度和皮孔宽度之间呈极显著正相关(表 7-14)。

表 7-14 不同株系各性状间的相关分析

性状	胸径	通直度	分支度	冠幅	地径皮厚	胸径皮厚	叶片长度	叶片宽度	单叶面积	皮孔数量	分支角度	节间距	皮孔长度	皮孔宽度
树高	0.917**	0.678**	0.522**	0.200	0.239	0.585**	0.744**	0.791**	0.762**	-0.537**	-0.070	0.845**	0.188	-0.294
胸径		0.653**	0.535**	0.096	0.054	0.518**	0.837**	0.819**	0.825**	-0.408*	-0.099	0.321*	-0.001	-0.288
通直度			0.852**	0.133	0.079	0.273	0.747**	0.601**	0.751**	-0.516**	-0.005	0.339*	0.236	-0.162
分支度				0.137	0.115	0.292	0.734**	0.528*	0.730**	-0.326*	0.115	0.037	0.018	-0.167
冠幅					0.151	-0.304*	-0.242	-0.115	-0.197	0.269	0.362*	0.357*	0.477**	0.596**
地径皮厚						0.340*	0.121	-0.078	0.043	0.474*	0.667**	0.089	0.146	0.131
胸径皮厚							0.529**	0.607**	0.533**	0.176	0.435*	-0.110	-0.201	-0.369*
叶片长度								0.859**	0.984**	-0.309*	-0.183	-0.092	-0.280	-0.612**
叶片宽度									0.922**	-0.281	-0.148	-0.009	-0.137	-0.577**
单叶面积										-0.341*	-0.185	-0.078	-0.218	-0.622**
皮孔数量											0.405*	-0.510**	-0.341*	-0.005
分支角度												0.236	0.343*	0.536**
节间距													0.850**	0.627**
皮孔长度														0.594**

7.3.4 转 *TaLEA* 小黑杨株系综合评价

根据布雷金多性状综合评定法(丁昌俊等，2016)，利用树高、胸径、胸径皮厚等生物量性状，通直度、分支度、节间距等干形性状，叶片长度、叶片宽度、单叶面积等叶片性状(这些性状均与树高、胸径呈显著相关)对各小黑杨株系进行综合评价，发现 XL-9 通直度、分支度、叶片长度和单叶面积的 ai 值最大，Qi 值也最高，达到 2.945；XL-1 树高、胸径、胸径皮厚、叶片宽度的 ai 值最大，Qi 值达到 2.944；CK 的 Qi 值为 2.788；XL-5 的 Qi 值最低，仅有 2.650。利用综合评价法初步对这 10 个转 *TaLEA* 株系进行选择，按 20% 的入选率，XL-1 入选，其树高和胸径分别比 CK 高 20.67% 和 21.39%，比各株系平均值高 18.36% 和 26.35%(表 7-15)。

表 7-15　不同株系的综合评价

株系	ai									Qi
	树高	胸径	通直度	分支度	节间距	胸径皮厚	叶片长度	叶片宽度	单叶面积	
XL-1	1.000	1.000	0.968	0.932	0.899	1.000	0.961	1.000	0.908	2.944
XL-3	0.896	0.836	0.905	0.935	0.987	1.000	0.811	0.808	0.605	2.790
XL-4	0.781	0.697	0.894	0.870	0.874	0.988	0.762	0.796	0.547	2.685
XL-5	0.774	0.686	0.802	0.885	0.760	0.996	0.756	0.814	0.549	2.650
XL-6	0.794	0.788	0.813	0.820	0.968	0.984	0.753	0.788	0.515	2.688
XL-7	0.838	0.747	0.810	0.853	0.815	0.992	0.787	0.792	0.581	2.686
XL-9	0.932	0.901	1.000	1.000	0.847	0.996	1.000	0.996	1.000	2.945
XL-10	0.885	0.767	0.948	0.897	1.000	0.992	0.794	0.797	0.597	2.771
XL-13	0.817	0.766	0.968	0.985	0.912	0.988	0.815	0.810	0.653	2.778
XL-14	0.742	0.692	0.836	0.858	0.769	0.996	0.799	0.790	0.588	2.659
CK	0.829	0.824	0.937	0.962	0.805	0.992	0.906	0.794	0.726	2.788

注：ai 为单个性状的评价值；Qi 为多个性状的综合评价值

随着生物技术的发展，转基因技术在植物抗性育种、目的性状遗传改良中的应用越来越广泛(Gal et al.，2004)。本实验室最初转 *TaLEA* 小黑杨的目的是获得抗逆(耐盐、抗旱、耐寒)优良的杨树株系，为小黑杨良种选育提供基础。前人研究表明，小黑杨转入 *TaLEA* 基因后，苗高、胸径及苗期生长模式均发生了很大变化(李志新等，2013；刘梦然等，2014)。本研究对 6 年生的转 *TaLEA* 株系和 CK 进行生长量比较，又对多个表型指标的变异程度进行分析，发现不同株系间各性状的差异均达到极显著水平，说明 *TaLEA* 的转入对小黑杨的表型产生了一定的影响。因此，利用综合评定法对转 *TaLEA* 株系进行初步筛选具有重要意义。

变异系数和重复力是评价株系性状的重要遗传参数(续九如，2006)。本研究中，11 个株系 15 个性状的表型变异系数介于 1.92%~39.98%，树皮厚度和分支角度的变异系数与前人研究相比较小，这可能与样本的来源和数目有关(Pliura et al.，2007)；通直度、分支度和皮孔数量的表型变异系数均超过 30%，遗传变异系数与表型变异系数接近，说明变异主要由遗传因素所控制，不同性状的高重复力(0.621～0.987)说明性状受遗传因素控制较强，这与 Kien(2008)对桉树苗期生长的研究结果相近。

遗传学研究表明，在生物体内大量存在着一因多效和基因连锁的现象，特别是生物的数量性状更为明显，常常表现为性状间具有不同程度的相关关系。因此在育种工作中，对于一个性状的选择势必影响到另一个性状的表现(祝泽兵等，2009)。在本研究中，树高、胸径与叶片长度、叶片宽度、单叶面积均呈极显著正相关，与前人研究结果相同(董玉峰等，2014)；在干型方面，树高、胸径与分支度、节间距呈显著正相关，说明侧枝越少，分支度越大，节间距越大，树高和胸径生长越快，这与李善文等(2006)对杨树生长与干形的相关分析结果相同；树高、胸径与分支角度呈负相关，但相关系数接近于 0，说明分支角度对树高、胸径的影响不大；在叶片方面，叶片长度、叶片宽度、单叶面积均与皮孔长度、皮孔宽度、皮孔数量呈负相关，尤其与皮孔宽度呈极显著负相关，这与赵曦阳等(2012)对白杨派杂种株系的研究结果不同，具体原因还需要进一步探讨。总体来说，小黑杨不同性状之间均存在一定的相关性，共同影响植株的生长发育。

本研究利用常规育种方法对转基因株系进行评价，充分体现了常规育种与分子育种相结合的理念。不同转 TaLEA 株系表现出的高变异和高重复力说明选择的必要性与可行性。利用多性状综合评价体系对不同株系进行分析，初步认定 XL-1 和 XL-9 为优良株系，在下一步评价选择中可以将其列为重点研究对象。

8 转 *PsnWRKY70* 基因小黑杨研究

WRKY 蛋白广泛参与调控植物的生长、发育、衰老及胁迫应答等生物进程，是最重要的植物胁迫应答转录因子家族之一，因此，WRKY 转录因子的功能研究及其胁迫应答机制研究意义重大(Chi et al.，2013；Tripathi et al.，2014；赵慧等，2016)。研究表明，小黑杨 *PsnWRKY70* 基因(Potri.016G137900)既能响应生物胁迫又能响应非生物胁迫(Zhao et al.，2015)。为了进一步探究小黑杨 WRKY Group Ⅲ亚家族成员——*PsnWRKY70* 基因/*Psn*WRKY70 转录因子在生物与非生物胁迫应答进程中的功能及其胁迫应答机制，本研究围绕 *PsnWRKY70* 基因/*Psn*WRKY70 转录因子进行了生物与非生物胁迫条件下的时序应答模式分析、启动子功能研究、基因功能研究及胁迫应答信号转导通路探究，揭示了 *PsnWRKY70* 基因在小黑杨高盐胁迫、干旱胁迫及叶枯病菌胁迫应答进程中的作用，归纳总结了 *Psn*WRKY70 转录因子所参与的胁迫应答信号转导通路。本研究所获得的研究结果与结论能够为庞大而复杂的小黑杨胁迫应答信号转导网络的完善提供有意义的线索，为今后的小黑杨抗逆育种工作提供备选材料和理论支持。

8.1 生物及非生物胁迫条件下 *PsnWRKY* 时序表达特性

根据本研究团队前期的转录组测序结果可知，与非胁迫条件下的小黑杨相比，受到盐胁迫的小黑杨差异表达基因中包含了一些 *WRKY* 基因(统一命名为 *PsnWRKY*)(Chen et al.，2012b)。因此我们推测，这些 *PsnWRKY* 基因很可能会参与调控小黑杨的盐胁迫应答信号转导网络。而前期研究表明，WRKY 家族成员广泛参与调控植物的各种生物学进程，且同一个 WRKY 转录因子可能平行参与调控多种生物进程(Eulgem and Somssich，2007；Rushton et al.，2010)。鉴于此，我们进一步猜想前期转录组分析所获得的盐胁迫应答 *PsnWRKY* 基因可能同时参与应答盐胁迫以外的生物进程，如碱胁迫、干旱胁迫、重金属胁迫等其他非生物胁迫及生物胁迫。为了验证这一猜想，我们对小黑杨苗木进行了高盐、高碱、干旱、重金属及叶枯病菌胁迫处理，然后利用 qRT-PCR 技术探究了分属于 Group Ⅰ、Group Ⅱ、Group Ⅲ 3 个亚家族的 20 个盐胁迫应答 *PsnWRKY* 基因的生物与非生物胁迫应答时序表达模式，最终选出既应答生物胁迫又应答非生物胁迫的 *PsnWRKY70* 基因作为后续实验的研究对象。

8.1.1　*PsnWRKY* 基因及蛋白质特征

基于毛果杨(*Populus trichocarpa*)和小黑杨基因编码区的高度相似性，通过 BLASTN 和 BLASTP 获得 20 个 *PsnWRKY* 基因及其对应的蛋白质序列。对这些基因(蛋白质)做基本生物信息学分析与预测，发现 20 个 *PsnWRKY* 基因分别定位于杨树第 1 号、第 2 号、第 6 号、第 8 号、第 10 号、第 14 号、第 16 号、第 17 号、第 18 号染色体上，隶属于 WRKY 超家族的 5 个亚家族(Group Ⅰ、Group Ⅱa、Group Ⅱb、Group Ⅱc、Group Ⅲ)，其中有 70%的基因集中分布于第 2(3)号、第 6(4)号、第 14(3)号和第 18(4)号染色体上；Group Ⅲ亚家族成员 *PsnWRKY19/20* 与拟南芥的 Group Ⅲ亚家族成员 *AtWRKY54/70* 具有较高的相似性；平均氨基酸长度为 420aa，最长 731aa(*Psn*WRKY8)，最短 300aa(*Psn*WRKY16)；理论等电点最高 9.81(*Psn*WRKY16)，最低 5.49(*Psn*WRKY8)；5 个亚家族成员的类锌指结构类型分别为 C-X$_4$-C-X$_{23}$-HXH(Group Ⅰ)，C-X$_5$-C-X$_{23}$-HXH(Group Ⅱa ～ Ⅱc)和 C-X$_7$-C-X$_{23}$-HXC(Group Ⅲ)。为了进一步了解 20 个 *PsnWRKY* 基因的生物学功能，本研究还利用软件及网上数据库对目的基因进行了亚细胞定位预测，结果表明，80%的基因会定位于细胞核，20%的基因会定位于细胞核以外的其他部位(表 8-1)。

表 8-1　小黑杨 20 个 *Psn*WRKY 蛋白的生物信息学分析

Protein	*Pt*WRKY ortholog Acc no.	Chr	*At*WRKY homologue	Deduced polypeptide			Subcellular localization		Group	Domain (zinc finger pattern)
				L/aa	PI	Mw/kDa	PSORT	CELLO		
*Psn*WRKY1	XP_002324079	17	3/4	535	8.10	58.7	nuc	nuc	Ⅰ	C-X$_4$-C-X$_{23}$-HXH
*Psn*WRKY2	XP_002312267	8	3	492	8.70	54.1	nuc, mbo	nuc	Ⅰ	C-X$_4$-C-X$_{23}$-HXH
*Psn*WRKY3	XP_006373853	16	26	382	9.74	42.2	cyt	ece, ome	Ⅰ	C-X$_4$-C-X$_{23}$-HXH
*Psn*WRKY4	XP_002315024	10	3/4	499	8.57	54.5	mbo, nuc	nuc	Ⅰ	C-X$_4$-C-X$_{23}$-HXH
*Psn*WRKY5	XP_002302839	2	1	316	8.30	35.1	cyt	nuc	Ⅰ	C-X$_4$-C-X$_{23}$-HXH
*Psn*WRKY6	XP_006375555	14	1	485	5.98	53.4	nuc	nuc	Ⅰ	C-X$_4$-C-X$_{23}$-HXH
*Psn*WRKY7	XP_006381519	6	44	475	9.12	52.0	mbo, nuc	nuc	Ⅰ	C-X$_4$-C-X$_{23}$-HXH
*Psn*WRKY8	XP_002300596	1	2	731	5.49	87.0	nuc	nuc	Ⅰ	C-X$_4$-C-X$_{23}$-HXH
*Psn*WRKY9	XP_006382109	6	32	432	8.69	47.3	nuc	nuc	Ⅰ	C-X$_4$-C-X$_{23}$-HXH

续表

Protein	*Pt*WRKY ortholog Acc no.	Chr	*At*WRKY homologue	Deduced polypeptide			Subcellular localization		Group	Domain (zinc finger pattern)
				L/aa	PI	Mw/kDa	PSORT	CELLO		
*Psn*WRKY10	XP_002325135	18	32	531	5.69	58.4	nuc	nuc	I	C-X$_4$-C-X$_{23}$-HXH
*Psn*WRKY11	XP_006371762	18	40	320	9.03	35.6	nuc	ome, ece	II a	C-X$_5$-C-X$_{23}$-HXH
*Psn*WRKY12	XP_002308704	6	18/40	320	8.27	35.4	cyt	ome, ece	II a	C-X$_5$-C-X$_{23}$-HXH
*Psn*WRKY13	XP_002320254	14	47	502	6.90	54.1	cyt, mbo	nuc	II b	C-X$_5$-C-X$_{23}$-HXH
*Psn*WRKY14	XP_002301166	2	7	358	9.51	39.6	cyt	ppl, ece	II c	C-X$_5$-C-X$_{23}$-HXH
*Psn*WRKY15	XP_006374887	14	7	388	9.39	42.9	cyt	ppl	II c	C-X$_5$-C-X$_{23}$-HXH
*Psn*WRKY16	XP_002325248	18	11/17	300	9.81	33.1	nuc	nuc	II c	C-X$_5$-C-X$_{23}$-HXH
*Psn*WRKY17	XP_002324382	18	11/17	338	9.45	36.8	nuc	nuc	II c	C-X$_5$-C-X$_{23}$-HXH
*Psn*WRKY18	XP_002302070	2	21	351	9.74	38.9	nuc	nuc	II c	C-X$_5$-C-X$_{23}$-HXH
*Psn*WRKY19	XP_002309186	6	54/70	333	6.04	37.7	nuc	nuc	III	C-X$_7$-C-X$_{23}$-HXC
*Psn*WRKY20	XP_002323675	16	54/70	321	5.72	36.1	nuc	ece	III	C-X$_7$-C-X$_{23}$-HXC

注：*Pt*WRKY ortholog Acc no. 相应毛果杨同源 WRKY 蛋白的 NCBI 序列号；Chr. 染色体编号；*At*WRKY homologue. 同源性最高的拟南芥 WRKY 蛋白序列；L. 氨基酸序列长度；pI. 氨基酸序列的理论等电点；Mw. 氨基酸序列的分子质量；nuc. 细胞核；cyt. 细胞质；mbo. 微体；ome. 外膜；ece. 胞外；ppl. 周质；PSORT 和 CELLO 分别是两个亚细胞定位的预测软件

8.1.2　*Psn*WRKY 蛋白多序列比对及进化分析

将拟南芥、水稻和小黑杨的完整 WRKY 保守结构域进行多序列比对，发现除 *Psn*WRKY8 氨基端的核心保守区发生单氨基酸突变（"W"变成"F"）以外，参与比对的所有 WRKY 结构域均表现出高度的保守性；其中，GroupIII亚家族 WRKY 结构域的保守性相对最低，即表现出更显著的多样性（图 8-1）。进化分析表明：50% 的 *Psn*WRKY 蛋白属于 Group Ⅰ亚家族，40%的 *Psn*WRKY 蛋白属于 Group Ⅱ亚家族（其中Ⅱa 占 10%，Ⅱb 占 5%，Ⅱc 占 25%），10%的 *Psn*WRKY 蛋白属于 Group Ⅲ亚家族；此外，小黑杨 *Psn*WRKY 转录因子的分组与拟南芥 *At*WRKY 转录因子的分组很相似（图 8-2）。

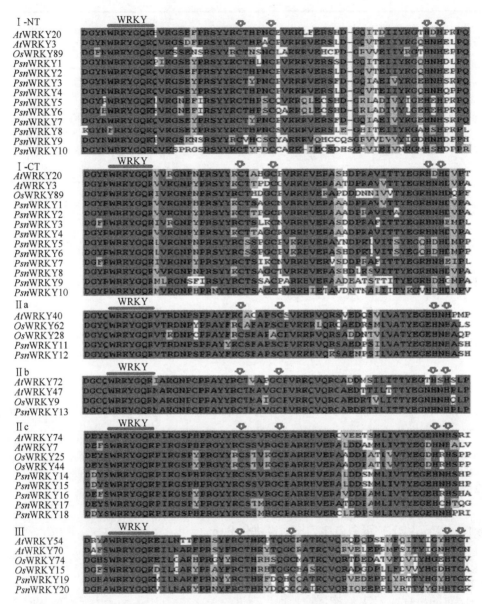

图 8-1　小黑杨、拟南芥、水稻的 WRKY 结构域多序列比对（彩图请扫封底二维码）

Ⅰ-NT 和Ⅰ-CT 分别代表 GroupⅠ亚家族成员氨基端与羧基端的 WRKY 保守结构域；红色线段指示高度保守的 WRKYGQK 结构域；红色小方框指示 PsnWRKY8 的氨基端点突变；红色箭头所指的"C"和"H"残基代表类锌指结构基序

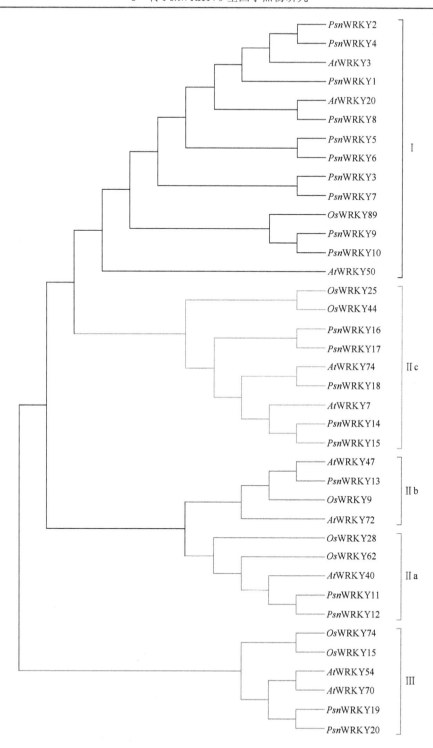

图 8-2　小黑杨、拟南芥、水稻的 WRKY 蛋白进化(彩图请扫封底二维码)

8.1.3　不同胁迫条件下 *PsnWRKY* 表达的时序变化

　　相对表达量计算结果表明，几乎所有 *PsnWRKY* 的表达量均会在一种或多种胁迫下发生显著变化（变化量大于 2 倍，$P<0.05$），即每个 *PsnWRKY* 均能响应至少一种胁迫。在 NaCl 胁迫下，20 个 *PsnWRKY* 基因在胁迫后第 3 天均表现出下调趋势，到第 6 天有 30%的基因（*PsnWRKY1*、*PsnWRKY5*、*PsnWRKY6*、*PsnWRKY7*、*PsnWRKY14*、*PsnWRKY20*）有恢复原始表达量的趋势，有 15%的基因（*PsnWRKY2*、*PsnWRKY4*、*PsnWRKY15*）的表达量在胁迫后第 9 天才表现出恢复趋势；同时，超过一半的 *PsnWRKY*（*PsnWRKY3*、*PsnWRKY8*、*PsnWRKY9*、*PsnWRKY10*、*PsnWRKY11*、*PsnWRKY12*、*PsnWRKY13*、*PsnWRKY16*、*PsnWRKY17*、*PsnWRKY18*、*PsnWRKY19*）在第一次下调之后就一直保持低表达水平。在 NaHCO$_3$ 胁迫下，20 个 *PsnWRKY* 在胁迫后第 3 天均表现出下调趋势，然后有 70%的 *PsnWRKY* 在第 6 天或第 9 天恢复表达量，而另外 30%的 *PsnWRKY*（*PsnWRKY1*、*PsnWRKY3*、*PsnWRKY8*、*PsnWRKY14*、*PsnWRKY19*、*PsnWRKY20*）在第一次下调表达之后就一直保持低表达水平。在 PEG6000 胁迫下，75%的 *PsnWRKY* 在胁迫后第 3 天表达量下调并在第 6 天或第 9 天有恢复趋势；25%的 *PsnWRKY*（*PsnWRKY4*、*PsnWRKY5*、*PsnWRKY7*、*PsnWRKY9*、*PsnWRKY16*）在第 3 天并未表现出明显变化，而是在第 6 天表现出明显的上调趋势。在 CdCl$_2$ 胁迫下，65%的 *PsnWRKY* 首先在胁迫后第 3 天表现出强烈上调趋势，之后的表达量在第 6 天急剧下降（除 *PsnWRKY20* 以外），而另外 35%的 *PsnWRKY*（*PsnWRKY3*、*PsnWRKY5*、*PsnWRKY7*、*PsnWRKY12*、*PsnWRKY15*、*PsnWRKY16*、*PsnWRKY17*）则只在第 3 天出现轻微上调。在叶枯病菌烟草赤星病菌（*Alternaria alternata*）胁迫下，所有 *PsnWRKY* 均是在胁迫后的第 0~6 天表现出连续上调趋势，且第 6 天表达量达到最高值（图 8-3-A、C、E、G、I）。

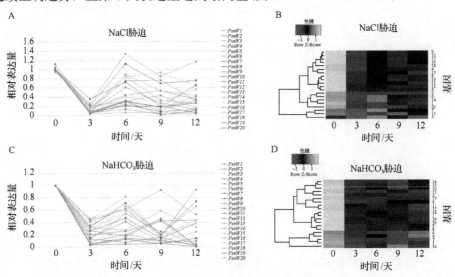

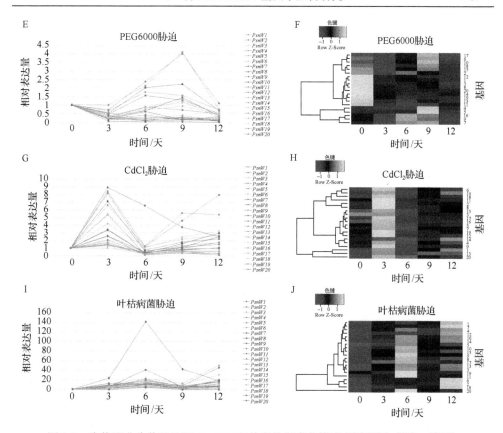

图 8-3　生物和非生物胁迫下 *PsnWRKY* 的表达量变化模式（彩图请扫封底二维码）

A、C、E、G、I 分别代表 NaCl、NaHCO₃、PEG6000、CdCl₂ 及叶枯病菌胁迫下 20 个 *PsnWRKY* 的表达量
（3 次生物学重复的平均值，$P < 0.05$）；B、D、F、H、J 分别代表 NaCl、NaHCO₃、PEG6000、CdCl₂ 及叶
枯病菌胁迫下 20 个 *PsnWRKY* 的表达量时序变化模式聚类分析，热图由 R 语言 heatmap.2 函数制作，*X*轴的
0～12 代表胁迫后的各个时间点，*Y*轴的 1～20 分别代表 *PsnWRKY1*～*PsnWRKY20*

聚类分析结果表明，不同胁迫条件下的 *PsnWRKY* 基因表达量时序变化模式聚类与此前进化树的聚类结果部分一致。例如，Group Ⅰ 亚家族成员 *PsnWRKY4*、*PsnWRKY5*、*PsnWRKY6* 和 *PsnWRKY7* 在 NaHCO₃ 胁迫下表现出完全一致的表达量变化模式；此外，Group Ⅱ 亚家族成员 *PsnWRKY3*、*PsnWRKY8*、*PsnWRKY9* 和 *PsnWRKY10* 在 NaCl 胁迫下的表达量时序变化模式也基本趋于一致；另外，Group Ⅱa 亚家族成员 *PsnWRKY11* 和 *PsnWRKY12* 几乎在所有的 5 种胁迫下均表现出一致的表达量时序变化模式（图 8-3-B、D、F、H、J）。

与预期一致，进化分析表明，本研究所涉及的 20 个小黑杨 *Psn*WRKY 转录因子的分类结果与拟南芥 *At*WRKY 家族成员的分类结果一致。多序列比对结果表明，小黑杨 WRKY 结构域的保守性很高；与单子叶植物水稻相比，小黑杨与双子叶植物拟南芥的 WRKY 保守结构域的同源性更高；另外，WRKY 结构域之间的同源性不只表现在核心保守区（WRKYGQK），还表现在与其相邻的氨基酸序列上。因此我们推测，小黑杨 PsnWRKY 与拟南芥 AtWRKY 的功能更相似。因此，我们可以参照拟南芥 AtWRKY 蛋白的功能来预测相应小黑杨 PsnWRKY 蛋白的功能，这对于小黑杨 PsnWRKY 转录因子的研究工作具有重要意义。另外，PsnWRKY8 的氨基端核心保守区发生了氨基酸单突变。众所周知，基因或蛋白的序列、结构与其生物学功能密切相关，因此我们推测，与其他 Group Ⅰ 亚家族成员相比，PsnWRKY8 在小黑杨的各种生物进程中可能具有独特的功能。

之前曾有报道，WRKY 家族的 Group Ⅲ亚家族成员在进化过程中更高等、更能适应各种胁迫（Zhang and Wang，2005），本研究多序列比对结果中 Group Ⅲ亚家族成员相对多样化的 WRKY 结构域与这一观点相吻合。但是，生物信息学分析结果也表明，在我们所选的 20 个 NaCl 胁迫应答的 PsnWRKY 中，只有 10%属于GroupⅢ。除 GroupⅢ亚家族成员外，Group Ⅰ、Group Ⅱ亚家族的 WRKY 成员也可能在小黑杨胁迫应答进程中发挥重要作用。另外，PsnWRKY19/20 序列与 AtWRKY54/70 之间具有高度同源性，而有报道指出 AtWRKY54/70 具有调控植物衰老与胁迫应答的双重作用（Eulgem，2006；Li et al.，2006；Besseau et al.，2012），这为今后我们研究 PsnWRKY19/20 基因的功能奠定了理论基础。

WRKY家族成员在调控植物胁迫应答方面具有举足轻重的作用，在本研究中，我们对小黑杨进行了生物和非生物胁迫处理，基因相对表达量结果表明，20个 PsnWRKY几乎都能响应至少一种胁迫。表达量时序变化模式的聚类分析表明，来自同一亚家族的PsnWRKY基因往往倾向于表现出相似的表达量时序变化模式，这可能是同一亚家族成员序列之间的高相似性造成的。然而，PsnWRKY8在干旱胁迫下与别的Group Ⅰ成员（PsnWRKY5、PsnWRKY6、PsnWRKY9、PsnWRKY10）的表达量时序变化模式明显不同，这可能与该转录因子氨基端的点突变有关。我们推测在相同的胁迫条件下，同一亚家族成员表达量时序变化模式的差异可能与它们基因（蛋白质）序列的非保守区有关，但这一推测有待于通过点突变或截短分析等一系列实验进行验证。

在盐、碱、旱胁迫下，大部分PsnWRKY的下调表达暗示着这些基因可能在以上3种胁迫应答进程中具有负向调控的作用，而且本研究结果也与He等（2012）对毛果杨WRKY的GroupⅢ亚家族成员（PtWRKY85）的PCR结果一致。与其他3种非生物胁迫相反，重金属胁迫下，几乎所有的PsnWRKY基因都表现出上调趋势，意味着这些基因可能参与小黑杨重金属胁迫应答反应的正向调控。在生物胁迫中，PsnWRKY20和PsnWRKY19的显著上调十分明显，表明二者在小黑杨抗病应答进程中可能具有重要作用。同时，本实验关于PsnWRKY20和PsnWRKY19胁迫应答时序变化模式的结果也与其同源基因AtWRKY54/70的相关报道一致，后者参与调控拟南芥抗丁香假单胞菌（Pseudomonas syringae）应答反应（Eulgem，2006）。

PsnWRKY11 是另一个强烈应答叶枯病菌胁迫的基因，这暗示其与 *PsnWRKY20* 和 *PsnWRKY19* 在小黑杨的抗病应答进程中可能具有平行功能；有报道指出，与 *Psn*WRKY11 高度相似的拟南芥 *At*WRKY40 蛋白通过与 *At*WRKY18、*At*WRKY60 形成同源或异源聚合体来参与调控植株的免疫应答（Dong et al.，2003；Xu et al.，2006；Shen et al.，2007）。鉴于 *PsnWRKY19* 既能响应非生物胁迫又能响应生物胁迫，我们决定选取该基因作为后续实验的研究对象，并将之命名为 *PsnWRKY70*（根据其与 *At*WRKY70 序列的高度相似性）。综上所述，在未来的研究工作中，我们可以考虑利用酵母单/双杂交及遗传转化等分子生物学手段来进一步探究 *PsnWRKY70* 的生物学功能及其参与胁迫应答的作用机制。

8.2　*PsnWRKY70* 启动子功能研究

为了更好地了解 *PsnWRKY70* 的功能，我们首先克隆并分析了该基因的启动子序列。另外，构建了小黑杨 cDNA 文库，进行了酵母单杂交筛选和植物细胞内的验证实验，旨在进一步揭示能够通过结合 *PsnWRKY70* 启动子区的顺式作用元件从而调控 *PsnWRKY70* 表达的上游转录因子，为完善 *Psn*WRKY70 的胁迫应答信号转导通路提供线索。

8.2.1　*PsnWRKY70* 启动子的克隆及转录起始位点的确定

根据 Augustus 程序（http://bioinf.uni-greifswald.de/augustus/submission.php）对转录起始位点（transcriptional start site, TSS）的在线预测结果可知，*PsnWRKY70* 的 TSS 可能位于起始密码子上游 179bp（TSS3）、99bp（TSS2）或 49bp（TSS1）的位置（图 8-4-A）。PCR 验证结果表明，以小黑杨 cDNA 为模板，只有 T3 和 T4 引物扩增出了清晰明亮的特异性条带，而 T1 和 T2 引物均未扩增出清晰条带（图 8-4-B），说明 TSS3 不属于 *PsnWRKY70* 的 cDNA 区，而 TSS1 和 TSS2 则均属于其 cDNA 区，且 TSS2 应该是 *PsnWRKY70* 真正的转录起始位点，即 *PsnWRKY70* 的 5′非翻译区（5′-untranslated region, 5′-UTR）长度大约为 99bp。

利用染色体步移法克隆出 *PsnWRKY70* 起始密码子上游 2471bp 的序列（图 8-5），扣除 5′-UTR 的长度后，即获得转录起始位点上游 2372bp 的序列，我们将这一序列认为是 *PsnWRKY70* 的启动子进行后续研究。将启动子测序后对其进行生物信息学分析与功能预测，结果表明，*PsnWRKY70* 的启动子区富集了大量的胁迫应答相关的顺式作用元件，比较典型的有 W-box、GT1、MYBST1、MYCCONSENSUSAT、CURECORECR 及 ERELEE4 元件等（图 8-6）。由于启动子负责调控基因的转录，启动子的功能与基因的功能息息相关，因此，以上结果暗示 *PsnWRKY70* 可能在小黑杨胁迫应答进程中担任重要的调控角色。

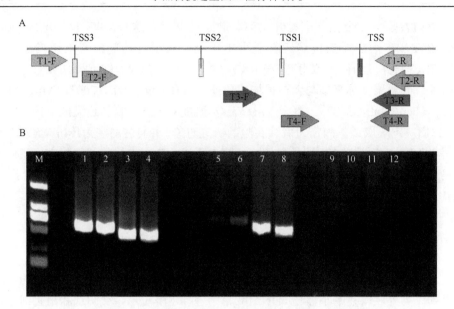

图 8-4 *PsnWRKY70* 转录起始位点的预测及验证(彩图请扫封底二维码)

A. 预测 TSS 的定位及 PCR 验证所需引物的位置。黄色方框代表 Augustus 预测的 TSS1、TSS2、TSS3 所在的位置,红色方框代表 *PsnWRKY70* 基因的起始密码子,绿色箭头、橘色箭头、蓝色箭头及橄榄色箭头分别代表 PCR 验证所需引物 T1～T4 的位置。B. PCR 验证电泳。M. DNA Marker;1～4. 模板为小黑杨基因组 DNA,引物依次为 T1～T4;5～8. 模板为小黑杨 cDNA,引物依次为 T1～T4;9～12. 模板为去离子水,引物依次为 T1～T4

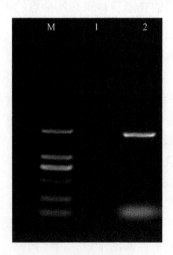

图 8-5 *PsnWRKY70* 启动子的克隆

M. DNA Marker;1. 阴性对照(模板为去离子水);2. 启动子 PCR 产物

```
TCTAAGCTAGGCCTATCGTTGTACCAAATAGCCAATTAAATAATTGTTTTTTATGAAAATGACA
AAATCATGGTGACATTGTTCTAGTTAGCAGTGCCTATAAGGTTGGTTAAATAATTATACTGTGC
AAAAAAAGTTCAAAAAATCCCCTTGCCCTCTAGTTAAAATTTTAAATGTAAATTAATAATTCCA
TCATGCAGTAAAATATAAAAGGACAAACTTATTCTCATTTAATTTGATAATATTAATTAGACTT
CGTAAAAATAACAGTTTGCCCTTCAATTTATACTTCCTTGACTTACATTGTAGAAGATAAAA
ACATCATTACCATATAATAACTTATTCCGCAATAAATCTTCCTCCACAATATAATAACTTATTC
TGCAATAAATCTTCCTCCACAATATAATATTTAATGGATAGTATTTATTTATTTATTTATTTATT
ATTATCATCATCATTGTTCTTACTATTATCAAGTATAGTTTTATGGACATTATTATTTCCTGGAT
AAAAGTGGTAAGAGGCGAGTTGGCCCACATGTGATTTCATAGCTGGAACATTCAATTAAGGTT
CATGAACCTAACCAAATGAATGGTGTACGAATTGTACCCTTCATTGAAATTAAAGTTGGTCCAC
TTCATCTTATCACTGCTCATGCATTCTTATCCAAATTTAAAAAATAAAATAAAATAATATAACA
TAATGATTCAGCACTATCACTTTACTATTATAATTTTAAGATGCTTCTATAATAAATAAGTTTA
AAATCAATATTTAATAACTTATTAAATTCTTTTAAATACATCAAAGCTTAATTTGAATTAATAC
TTGTATTTGTTTGAGGGTGTAGTAGTTTCTGTGTTATAATTTTTTTAAAAAAATATATGTTTATTT
TAAAGAAATATCAAATTAATATTTTAATATCAAAAACATTTTTTCAAAAAGCTATTCATGTTAC
TACAAGAAAAAAATTATTATGTTGCGCAATAAACTAGGAGAAATAACCAATCAGTTATTGT
CTTCTCGTTAGATCTCCTAATTGCCCCTAATGTCCTCCTCGGGCAACAATAAATTCTAATTAATT
AAAACATTAATCTAACATTTCATTTCATTTTATAAAAACACTAATAAACATTGAGGGCTACTAC
TGGTACAACGATAGGCCTAGCTTAGAAATTTTTTTTATTTATTTTTTTTTTTTACCTTTTTTTTTA
TTTCTCTCTCCTCTTTATCTCTTTATATATTTTGGCTATTTATTACTACATTTTAAAAAAAAAATT
AGTGAAATAACATTGATGAAAAAAAATTGGTGAAATAGTACAATTTGTACAAATCATATTTA
AAAAACATAATATTTATAATTTATCGCTATCCAGAACAATAAATTCCAATAAAAATATTAAAT
GTGTAGAAAAGAGAAGAGAGTAGAATTTTTTTCTAAAAAAAATACATTAAAATTCTGATTATG
ATAGCATTATTATCACAAAGAAATTTTAATAAAACAAATCTAAAAATTTAAATGAAAATGATA
TTATAATTAAAGTTGTAGGGGTTTCTTTAATTTTTATTTATTTTTATTTTACTATTTCCTCTGTCTT
ACTCATTTAATAATTTTTATTAGACAACGACAGGTTATAAATATTACAAAGGATGACTTTTATA
AATTGTACTATTTTGTCTAAATATTTTTCAATCGTGCTATTCAGATAATATTTTTTTTTAGTTTAA
TTTAGGTGTTTGGATCAGTTTATACATATCTCGACTAATTTTACGGGCTTTAAAGTTAACGACC
ATGTAAGCCTCCAGTGACCATCTTAAAAGTAATCACAAGACTCGAACTTAAAATCATAAAAAA
ACAAACTTTTTAATTTCAAATTTTTATTACTGAGTCATCACCTAATGCTTTACTCAGACAATAT
TTTTAATTTACTCTGATATTGAAATCATTTATTTGAGGATAGCGTCTTTAAGTGAGCACCGTAG
GGTGAGGGTTATTATAGGTATTTCGTTACATTAAAAAAAAAAAAAAGAAAACTGGTCCGCATGAC
GCTGACGCGGTCCTTAGTGACATCGAAAATTGACATCACGTACCAATCGTAAGCATCCAAAA
TGTCATATCCCACGCGCTCCTTGGTGACGTGTTGAAAGACAAGTAAACAATCCAACAAAATT
CAAATAGATTCCGCGTGGTTTACTCCATCGAAGCGCGTGTTTTACGAACAGCGCCTGGGATTG
TAAATCAAAATTTTGTGGAATTTTCTTTCAAGGTTCCTTCAGCCTTCCTCGCATATGCTGAGAA
AAATGCAATGCAATCCCTCCATGTTAAAAGGATCCCTTCGACTCCACTTCTGGTCACTACTTAG
CCCTAGGAGACACTAAAGAGAGCTCCCGAGGGTCTACATGCTCCAATCTTGGCCTCTACTCAG
CCCTATTTGAGAGACCAGAGAGAGCACACCCAATTAAACCCCAGAAAatggattcttcttggcatgggaattta
ccagcaaacagaaagaaggcgatagatgagctcgttagaggtcaagaaattgcggcacaacttaaacttgtaatgaacaagtctatagggggtgatgagtct
gtgtttgctgaggatcttgtcaagaaaatcatgaattctttcaacagttctcttatatattaaatgggggtgagtttgatgaggttgcctctcaaattccacaagtgg
gttcgccttgttgggatggccggaagtcgtcgaaggattccggagagagtggcagggggtactgccgagttgaaggtgaaggacaggagaggatgttacaa
gagaag
```

图 8-6　*PsnWRKY70* 启动子序列及生物信息学分析(彩图请扫封底二维码)

蓝色方框内加粗的碱基代表 TSS2;玫红色方框内加粗的碱基代表 W-box 的核心基序;红色方框内加粗的碱基代表 GT1 的核心基序;红色加粗字体代表 MYBST1 元件;绿色加粗字体代表 MYCCONSENSUSAT 元件;深红色加粗字体代表 CURECORECR 元件;橘色加粗字体代表 ERELEE4 元件;蓝色加粗字体代表被选为酵母单杂交诱饵序列的 W-box 和 GT1 元件;小写字母代表 *PsnWRKY70* 基因编码区;所有顺式作用元件的名称均来自 New PLACE

8.2.2　小黑杨 cDNA 文库的构建及质量检测

取 50μl 稀释 1000 倍后的初级文库菌液涂布于 LB 平板,37℃过夜培养后计算平板上的单克隆数,经统计发现每板有 296 个菌落(图 8-7-A),根据计算可知初级文库的容量为 5.9×10^6。同理可知,最终所获得的 pGADT7-DEST cDNA 文库的容量为 1.5×10^7(图 8-7-B)。

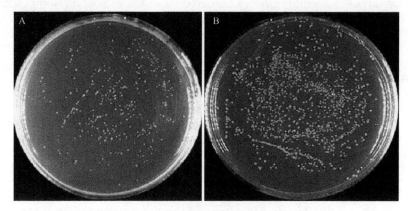

图 8-7　cDNA 文库容量鉴定(彩图请扫封底二维码)
A. 初级文库;B. pGADT7-DEST cDNA 文库

随机挑选初级文库和 pGADT7-DEST cDNA 文库菌液的 24 个单克隆进行 PCR 扩增,1%琼脂糖凝胶电泳结果表明,绝大部分阳性单克隆的插入片段长度都在 1kb 以上(图 8-8),说明文库中的插入片段质量合格。

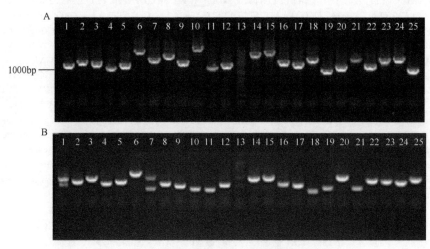

图 8-8　cDNA 文库插入片段长度鉴定
A. 初级文库检测;B. pGADT7-DEST cDNA 文库检测;1~12. 1~12 号克隆;13. 1kb Plus DNA Ladder;
14~25. 13~24 号克隆

8.2.3　酵母单杂交筛选 *PsnWRKY70* 的上游调控因子

8.2.3.1　三重复诱饵/突变诱饵序列的退火

通过煮沸——室温退火的方法将三重复诱饵及突变诱饵单链序列合成为双链 DNA 序列，3%琼脂糖凝胶电泳结果显示，退火后的双链 DNA 产物比单链前体序列的电泳迁移速度稍慢（图 8-9），说明三重复诱饵/突变诱饵序列成功合成。

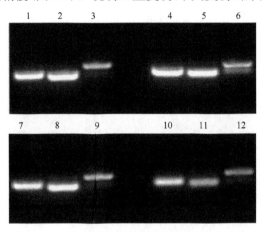

图 8-9　三重复诱饵/突变诱饵序列的退火产物

1～3. W-box-r TOP、W-box-r BOT 和 W-box-r 退火产物；4～6. W-box-m TOP、W-box-m BOT 和 W-box-m 退火产物；7～9. GT1-r TOP、GT1-r BOT 和 GT1-r 退火产物；10～12. GT1-m TOP、GT1-m BOT、GT1-m 退火产物

8.2.3.2　阳性克隆（含诱饵质粒）的鉴定

挑取所获得的含有诱饵载体的阳性克隆，提取其中的重组质粒，进行 *Hin*d Ⅲ 和 *Xho* Ⅰ双酶切鉴定。酶切产物电泳结果显示，所有克隆均为阳性（图 8-10），各选取 1 号克隆进行测序，结果表明序列无误，可将该克隆用于后续实验。

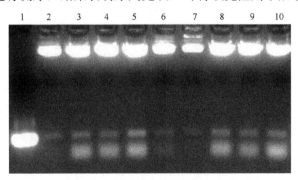

图 8-10　阳性质粒的双酶切鉴定

1. W-box-r 退火产物；2、3. pAbAi/W-box-r 克隆 1 和克隆 2；4、5. pAbAi/W-box-m 克隆 1 和克隆 2；6、7. pAbAi/GT1-r 克隆 1 和克隆 2；8～10. pAbAi/GT1-m 克隆 1～克隆 3

8.2.3.3　可稳定表达"诱饵-报告子"酵母菌株的获得

将线性化后的诱饵质粒转化至 Y1HGold 感受态细胞,通过同源重组整合进入酵母基因组,在 SD/–Ura 平板上筛选酵母转化子。挑取最终在 SD 缺陷培养基上长出的 Y1HGold [pAbAi/W-box-r]、Y1HGold [pAbAi/W-box-m]、Y1HGold [pAbAi/ GT1-r]、Y1HGold [pAbAi/GT1-m]和 Y1HGold [p53-AbAi]阳性克隆,进行菌液 PCR 鉴定。1%琼脂糖凝胶电泳结果显示,阴性对照组(Y1HGold 菌株)无条带;阳性对照组(p53-AbAi)PCR 产物大小为 1.4kb;诱饵及突变诱饵组(pAbAi/W-box-r、pAbAi/W-box-m、pAbAi/GT1-r、pAbAi/GT1-m)PCR 产物长度约为 1.4kb(图 8-11)。

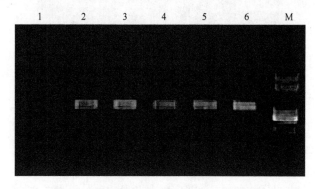

图 8-11　酵母单杂交诱饵载体的 PCR 鉴定

1. 模板为未进行转化的 Y1HGold 菌液;2. 模板为 Y1HGold [p53-AbAi]菌液;3. 模板为 Y1HGold [pAbAi/W-box-r]菌液;4. 模板为 Y1HGold [pAbAi/W-box-m]菌液;5. 模板为 Y1HGold [pAbAi/GT1-r]菌液;6. 模板为 Y1HGold [pAbAi/GT1-m]菌液;7. DNA Marker

将各种阳性菌液涂布于 SD/–Ura/AbA(AbA 浓度:100ng/ml、200ng/ml、300ng/ml)培养基上,观察酵母菌落的生长情况。结果表明,当在 SD/–Ura 培养基里添加浓度为 200ng/ml 的 AbA 时,可有效抑制酵母菌 Y1HGold[pAbAi/W-box-r] 和 Y1HGold[pAbAi/GT1-r]的生长(图 8-12),说明诱饵载体的 AbA 最小抑制浓度为 200ng/ml。

8.2.3.4　酵母单杂交筛选 cDNA 文库

利用 LiAc/PEG 法将 cDNA 文库质粒转化至酵母菌 Y1HGold [pAbAi/W-box-r] 或 Y1HGold [pAbAi/GT1-r]中,同时将 p53+pGADT7-Rec 转化至 Y1HGold[p53-AbAi]中。挑取转化后的阳性克隆,按 1:10、1:100 和 1:1000 的比例对转化产物分别进行梯度稀释,从 3 种稀释液中各取 100µl 涂布在 SD/-Leu 平板上培养,根据 SD/-Leu 平板上最终长出的菌落数及转化效率计算公式,可计算出 pAbAi/W-box-r 和 pAbAi/GT1-r 的转化效率分别为 9.35×10^5CFU/µg 和 1.375×10^6CFU/µg(图 8-13)。

AbA 浓度/(ng/ml)

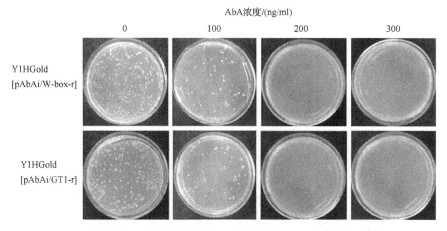

图 8-12　诱饵载体的 AbA 最小抑制浓度测定(彩图请扫封底二维码)

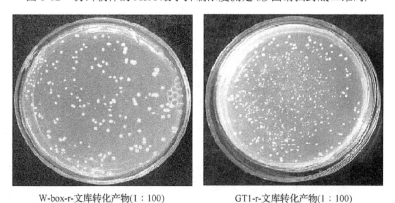

W-box-r-文库转化产物(1∶100)　　　　　GT1-r-文库转化产物(1∶100)

图 8-13　诱饵-文库质粒共转化酵母铺板培养结果(彩图请扫封底二维码)

　　挑取上一步共转化所得的阳性克隆,进行菌液 PCR 验证,根据 0.8%琼脂糖凝胶电泳结果,排除重复克隆后,最后选取 25 个 W-box-r 阳性克隆和 32 个 GT1-r阳性克隆进行下一步验证(图 8-14)。

　　分离并纯化上述所得的阳性克隆质粒,将纯化后的质粒转化至相应的酵母感受态 Y1HGold [pAbAi/W-box-r]、Y1HGold [pAbAi/W-box-m]或 Y1HGold [pAbAi/GT1-r]、Y1HGold [pAbAi/GT1-m]菌株,最后于 SD/-Leu/AbA(200ng/ml)培养基上验证阳性克隆的真伪。SD 缺陷培养基部分筛选结果如图 8-15 所示,对于 W-box元件而言,克隆 2 和克隆 5 质粒所转化的 Y1HGold[pAbAi/W-box-r]菌株在SD/-Leu/AbA(200ng/ml)平板上能正常生长,而二者所转化的 Y1HGold[pAbAi/W-box- m]菌株则无法在 SD/-Leu/AbA(200ng/ml)平板上生长,说明克隆 2 和克隆 5为真正的阳性克隆;克隆 1、克隆 3、克隆 4 和克隆 6 质粒所转化的 Y1HGold[pAbAi/W-box-r]菌株虽然能在 SD/-Leu/AbA(200ng/ml)平板上正常生长,但同时它们所转化的 Y1HGold[pAbAi/W-box-m]菌株也可以生长,证明克隆 1、克隆 3、

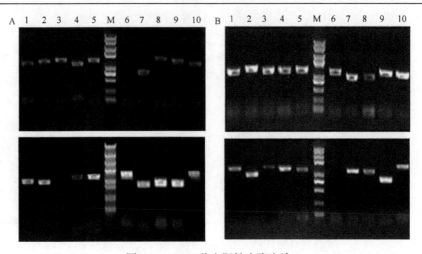

图 8-14 PCR 鉴定阳性克隆电泳

A. W-box-r 阳性克隆 PCR 鉴定；B. GT1-r 阳性克隆 PCR 鉴定

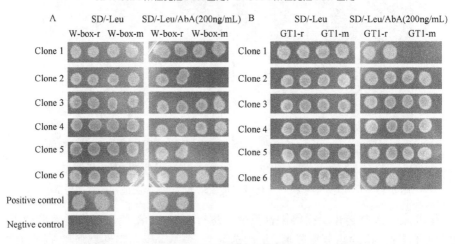

图 8-15 酵母单杂交部分筛选(彩图请扫封底二维码)

A. W-box-r，诱饵为正常的 W-box 三重复序列；W-box-m，诱饵为突变的 W-box 三重复序列；Clone 1～Clone 6. 初筛获得的 6 个阳性克隆；B. GT1-r，诱饵为正常的 GT1 三重复序列；GT1-m，诱饵为突变的 GT1 三重复序列；Clone 1～Clone 6. 初筛获得的 6 个阳性克隆。SD/-Leu. 缺少亮氨酸的 SD 培养基；SD/-Leu/AbA (200ng/ml). 缺少亮氨酸、添加 200ng/ml AbA 的 SD 培养基

克隆 4、克隆 6 为假阳性克隆。对于 GT1 元件而言，克隆 1 和克隆 6 所转化的 Y1HGold[pAbAi/GT1-r]菌株能在 SD/-Leu/AbA (200ng/ml)平板上正常生长，而二者所转化的 Y1HGold [pAbAi/GT1-m]菌株则无法在 SD/-Leu/AbA (200ng/ml)平板上生长，证明克隆 1 和克隆 6 是真正的阳性克隆；克隆 2～克隆 5 所转化的 Y1HGold [pAbAi/GT1-r]菌株可以在 SD/-Leu/AbA (200ng/ml)平板上生长，但同时它们所转化的 Y1HGold [pAbAi/GT1-m]菌株也可以在 SD/-Leu/AbA (200ng/ml)平板上生长，证明克隆 2～克隆 5 是假阳性克隆。根据以上验证标准，本次实验最终获得 5 个

W-box 元件的真阳性克隆(暂命名为 W-P1~W-P5)和 7 个 GT1 元件的真阳性克隆(暂命名为 G-P1~G-P7)。

8.2.3.5 阳性克隆所含插入片段的生物信息学分析

挑取 W-box 和 GT1 的真阳性克隆,提取其中的文库质粒进行测序,根据测序结果检索 Phytozome v12.0 和 NCBI 数据库,获得 12 个(其中 5 个 W-box、7 个 GT1)cDNA 片段所对应的毛果杨同源基因/蛋白质全长序列。生物信息学分析表明,与 W-box 核心基序及其周围碱基结合的 5 种阳性蛋白分别为:包含 BTB/POZ 结构域的蛋白(*Psn*BTB/POZ, Potri.002G166700)、类胡萝卜素裂解双加氧酶 1(*Psn*CCD1, Potri.009G060500)、锌指蛋白(*Psn*ZFP,Potri.014G091000)、*Psn*WRKY70(Potri. 016G137900)及 X2 型 F-box 蛋白(*Psn*FP,Potri.014G076300);与 GT1 核心基序及其周围碱基结合的 7 种阳性蛋白分别为:无顶端分生组织家族蛋白(*Psn*NAM,Potri.009G141600)、双半乳糖二酰基丙三醇合成酶 1(*Psn*DDS1,Potri. 006G203200)、MYB 家族转录因子(*Psn*MYB,Potri.006G000800)、亮氨酸和组氨酸特异性转运因子(*Psn*LHTP,Potri.001G335200)、GT-1 DNA 结合蛋白(*Psn*GT1,Potri.010G055000)、真核起始因子 6-2(*Psn*ETIF6-2,Potri.010G229800)、载脂蛋白 D(*Psn*APD,Potri.018G110800)(表 8-2)。筛选结果暗示这 12 个蛋白可能是通过与 W-box 或 GT1 元件结合而作用于 *PsnWRKY70* 基因的上游调控因子。

表 8-2 酵母单杂交筛选出的阳性基因/蛋白

Positive Clone	Re-Acc No.	Re-Description
W-P1	XM_002301355	*Populus trichocarpa* BTB/POZ domain-containing family protein (POPTR_0002s16840g)
W-P2	XM_006379032	*Populus trichocarpa* carotenoid cleavage dioxygenase 1 family protein (POPTR_0009s06530g)
W-P3	XM_002320126	*Populus trichocarpa* zinc finger family protein (POPTR_0014s08670g)
W-P4	XM_011003387	*Populus euphratica* probable WRKY transcription factor 70 (LOC105108890)
W-P5	XM_011037064	*Populus euphratica* F-box protein At4g00755 (LOC105133186), transcript variant X2
G-P1	XM_002313644	*Populus trichocarpa* no apical meristem family protein (POPTR_0009s14370g)
G-P2	XM_011048115	*Populus euphratica* digalactosyldiacylglycerol synthase1, chloroplastic-like (LOC105141035)
G-P3	XM_002308698	*Populus trichocarpa* MYB family transcription factor family protein (POPTR_0006s00290g)
G-P4	XM_002298561	*Populus trichocarpa* lysine and histidine specific transporter family protein (POPTR_0001s36330g)
G-P5	XM_002315599	*Populus trichocarpa* DNA-binding protein GT-1 (POPTR_0010s06510g)
G-P6	XM_011026033	*Populus euphratica* eukaryotic translation initiation factor 6-2 (LOC105125537)
G-P7	XM_011019686	*Populus euphratica* apolipoprotein D (LOC105121153)

注:W-P1~W-P5. W-box 诱饵所捕获的阳性克隆;G-P1~G-P7. GT1 诱饵所捕获的阳性克隆;Re-Acc No. 与阳性基因高度同源的参考序列(BLASTN,得分最高的序列)的 NCBI 登录号;Re-Description. 参考序列的总体描述

8.2.4　酵母单杂交筛选结果的验证

为了进一步验证 PsnWRKY70、PsnNAM、PsnMYB 及 PsnGT1 蛋白与 W-box 或 GT1 元件在植物细胞环境下的结合,我们构建了相关的报告载体(reporter)和效应载体(effector)并通过瞬时转化实验将它们共转化至烟草细胞。GUS 和 LUC 酶活性测定结果表明,在 NaCl 胁迫下,与阳性对照(只转化 pCAMBIA1301 空载体的烟草)相比,共转化 pCAM-Gm+pROKII-MYB、pCAM-Gm+pROKII-GT1、pCAM-Gm+pROKII-NAM、pCAM-Wm+pROKII-W70、pCAM-Gm+pROKII、pCAM-Gr+pROKII、pCAM-Wm+pROKII 及 pCAM-Wr+pROKII 的烟草 GUS 和 LUC 相对酶活都很低,而共转化 pCAM-Gr+pROKII-MYB、pCAM-Gr+pROKII-GT1、pCAM-Gr+pROKII-NAM、pCAM-Wr+pROKII-W70 的烟草 GUS 和 LUC 相对酶活均较高,接近阳性对照组的 GUS 和 LUC 相对酶活(图 8-16)。说明 PsnWRKY70 与 W-box、PsnNAM/MYB/GT1 与 GT1 元件在植物细胞环境下依然能够相结合,即 PsnWRKY70、PsnNAM、PsnMYB 及 PsnGT1 蛋白均为 PsnWRKY70 基因上游的调控因子。

通常情况下,cDNA 文库的质量主要从 3 个方面来评判:文库容量、平均插入片段长度和重组率。对于以大肠杆菌作宿主菌的 cDNA 文库,文库容量即为该文库所包含的所有阳性克隆的数量(CFU),文库容量越大,代表该文库所包含的 cDNA 片段的总数越多,文库容量体现了文库的代表性,即文库中所包含的样本信息的完整性。本实验所构建的 pGADT7-DEST 文库的容量为 1.5×10^7,说明文库容量合格。平均插入片段长度即将随机菌落 PCR 得到的产物片段长度取平均值,其体现了文库中重组的 cDNA 片段的序列完整性,插入片段足够长,才能尽可能地反映出基因的天然结构,也越容易得到文库中目的基因的完整序列和功能信息,本研究所得的 cDNA 文库的插入片段大多在 1kb 以上,说明平均插入片段长度也合格。重组率反映的是文库中所有克隆的阳性率,一般样本的基因数为 $5 \times 10^4 \sim 1 \times 10^5$,均一化后的文库可以覆盖 10 倍左右的基因数,理论上可以包括绝大多数基因,由此看来,本实验所构建的 pGADT7-DEST cDNA 文库的质量是合格的,可用于后续酵母单杂交和酵母双杂交筛选实验。

根据转录起始位点预测和验证结果可知,PsnWRKY70 基因 cDNA 的 5′-UTR 长度大约为 99bp,那么我们将起始密码子上游 99bp 以上的区域均归为 PsnWRKY70 启动子区域。针对 PsnWRKY70 启动子区域的生物信息学分析结果表明,该区域富集了各种与胁迫应答相关的顺式作用元件,暗示了 PsnWRKY70 基因(PsnWRKY70 转录因子)在小黑杨胁迫应答进程中的巨大潜力。

A

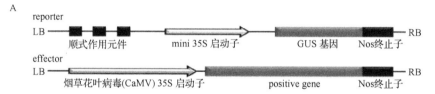

B

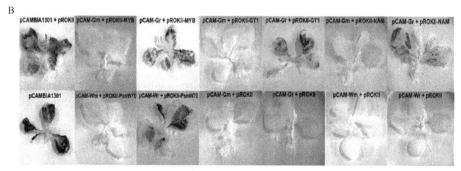

C

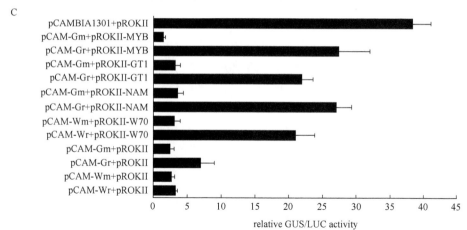

图 8-16　植物细胞内验证酵母单杂交筛选结果（彩图请扫封底二维码）

A. 酵母单杂交验证所需报告载体和效应载体的结构示意图；B. 报告载体和效应载体共转化后的烟草 GUS 染色；
C. GUS 和 LUC 相对酶活测定结果，Gm. 突变 GT1；Gr. 正常 GT1；Wm. 突变 W-box；Wr. 正常 W-box；MYB、
GT1、NAM 和 W70 分别代表 *Psn*MYB、*Psn*GT1、*Psn*NAM 和 *Psn*WRKY70；pCAMBIA1301 代表阳性对照，每
组实验均进行了 3 次生物学重复

　　酵母单杂交筛选结果表明，*Psn*BTB/POZ、*Psn*CCD1、*Psn*ZFP、*Psn*WRKY70
和 *Psn*FP 蛋白能够识别并结合 *PsnWRKY70* 启动子区的 W-box 序列，而
*Psn*NAM、*Psn*DDS1、*Psn*MYB、*Psn*LHTP、*Psn*GT1、*Psn*ETIF6-2 和 *Psn*APD
蛋白则能够识别并结合 *PsnWRKY70* 启动子上的 GT1 序列，意味着这 12 个蛋白
都有可能是 *PsnWRKY70* 基因的上游调控因子。进一步的验证实验表明，在盐
胁迫条件下的烟草细胞中，*Psn*WRKY70 能够结合 W-box，而 *Psn*NAM、
*Psn*MYB、*Psn*GT1 能够结合 GT1，从而启动下游报告基因 *GUS* 的表达。

*Psn*WRKY70 转录因子结合了其自身基因的 W-box 而调控自身基因的表达，这正是 WRKY 家族成员的作用机制特点之一，即 WRKY 转录因子的自我调控作用（Robatzek and Somssich，2002；Eulgem and Somssich，2007）。GT1（GAAAAA）基序是最先在大豆钙调蛋白 4 基因（*SCaM-4*）启动子区发现的一个顺式作用元件，该元件能够识别并结合 GT1 转录因子从而应答高盐和病原菌胁迫（Park et al.，2004）。在本研究中，我们发现在盐胁迫条件下，*Psn*NAM、*Psn*MYB 和 *Psn*GT1 蛋白能够结合 *Psn*WRKY70 启动子区的 GT1 核心基序及其周围碱基序列。先前的研究证明，NAM、MYB 和 GT1 蛋白均是重要的胁迫应答转录因子。例如，拟南芥 *At*MYB44 转录因子通过直接上调 *At*WRKY70 基因的表达来提高植株对于病原菌 *P. syringae* pv. tomato DC3000 的抗性（Shim et al.，2013）。一系列的酵母细胞内反式激活分析证明，大豆的 NAC 抑制结构域（NARD）能够抑制非生物胁迫应答转录因子 *Gm*WRKY53 的反式激活活性（Zhou et al.，2008；Hao et al.，2010）。此外，也有人报道过拟南芥 *At*GT-3b（GT1-like）蛋白与 GT1 元件的结合（Park et al.，2004）。

　　总而言之，本研究表明，在植物细胞环境下，*Psn*NAM、*Psn*MYB、*Psn*GT1 和 *Psn*WRKY70 转录因子能够通过结合 *Psn*WRKY70 启动子区的 W-box 或 GT1 元件而调控 *Psn*WRKY70 基因的表达，进而参与调控植物盐胁迫应答进程。

8.3　酵母双杂交筛选 *Psn*WRKY70 的互作蛋白

　　通过分析 WRKY 转录因子与其伙伴蛋白之间的相互作用机制，可以帮助我们更好地理解 WRKY 的功能。为了探究 *Psn*WRKY70 转录因子与哪些蛋白质协同作用而共同参与植株的盐胁迫应答进程，本研究利用酵母双杂交技术筛选了盐胁迫下的小黑杨 cDNA 文库，并进一步通过 GST-pull down 实验体外验证了所筛选出的阳性蛋白与 *Psn*WRKY70 转录因子之间的相互作用关系，所得结果对于深入揭示小黑杨盐胁迫应答信号转导网络具有重要意义。

8.3.1　诱饵载体的构建

8.3.1.1　*PsnWRKY70* 的扩增

　　本实验采用基因特异性引物扩增目的基因 *PsnWRKY70*，同时在该基因两端分别连接上 *Nde* Ⅰ、*Sal* Ⅰ 酶切位点。1%琼脂糖凝胶电泳分离结果如图 8-17 所示，泳道 1 为扩增出的特异性条带，约 966bp，与预期产物长度一致。

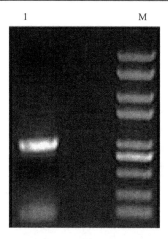

图 8-17　*PsnWRKY70* 基因的 PCR 扩增

1. *PsnWRKY70* 的 PCR 产物；M. DNA Marker

8.3.1.2　酶切鉴定诱饵载体

用 *Nde* Ⅰ和 *Sal* Ⅰ酶对所获得的 pGBKT7-WRKY 重组质粒进行酶切，对酶切产物进行 1%琼脂糖凝胶电泳，结果如图 8-18 所示，1 号和 4 号均为真正的阳性克隆，选择 1 号克隆进行测序，并以之为材料进行后续实验。

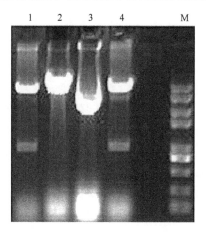

图 8-18　酶切鉴定重组质粒

1～4. 1～4 号阳性单克隆质粒的酶切产物；M. DNA Marker

8.3.2　诱饵载体的自激活检测

在实验中，阳性对照质粒包括 pCL1 及 pGBKT7-53+pGADT7-T；阴性对照质粒为 pGBKT7；实验组质粒为 pGBKT7-WRKY。将这些质粒转化至酵母菌 AH109

感受态细胞并涂板后，克隆生长情况如图 8-19 所示。

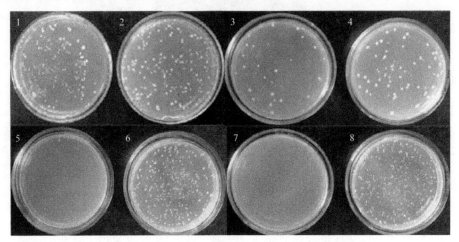

图 8-19　诱饵载体自激活检测（彩图请扫封底二维码）

1、2. 转 pCL1 的酵母在 SD/-Leu 和 SD/-Leu/-His/-Ade 上的生长；3、4. 转 pGBKT7-53 + pGADT7-T 的酵母在 SD/-Trp/-Leu 和 SD/-Trp/-Leu/-His/-Ade 上的生长；5、6. 转 pGBKT7 的酵母在 SD/-Trp/-His/-Ade 和 SD/-Trp 上的生长；7、8. 共转化 BD-WRKY + pGADT7 的酵母在 SD/-Trp/-His/-Ade 和 SD/-Trp 上的生长

pCL1 质粒含有编码 Leu（亮氨酸）的序列，转化菌可以在 Leu 缺陷平板上生长；而由于 pCL1 编码全长野生型 GAL4，因此转化菌也可以在缺少 His（组氨酸）或 Ade（腺嘌呤）的 SD 培养基上生长，转化 pCL1 质粒后的酵母菌在 SD/-Leu、SD/-Leu/-His/-Ade 平板上均有克隆生长。

pGBKT7-53 编码 GAL4 BD domain 和鼠 p53 的融合蛋白，pGADT7-T 编码 GAL4 AD domain 和 large T-antigen 的融合蛋白，p53 和 SV40 large T-antigen 在酵母细胞中可以相互作用，从而激活报告基因的表达，使转化菌可以在 His 或 Ade 缺陷的培养基上生长。所以，共转化 pGBKT7-53 和 pGADT7-T 质粒的酵母菌在 SD/-Trp/-Leu、SD/-Trp/-Leu/-His/-Ade 平板上均有克隆生长。

pGBKT7 质粒含有编码色氨酸（Trp）的序列，可以在 Trp 缺陷平板上生长，但由于 pGBKT7 自身无法激活报告基因表达，因此转化菌无法在 His 或 Ade 缺陷的培养基上生长。pGBKT7 转化菌可以在 SD/-Trp 平板上生长，但在 His 或 Ade 缺陷的培养基上无法生长。

pGBKT7-WRKY 重组质粒含有编码 Trp 的序列，可以在 Trp 缺陷平板上生长。如果 WRKY 蛋白无自激活作用，转化菌将无法在 His 或 Ade 缺陷的培养板上生长。而实验结果显示：pGBKT7-WRKY 转化菌可以在 SD/-Trp 平板上生长，但在 His 和 Ade 缺陷的培养基上无法生长，这说明 pGBKT7-WRKY 重组质粒本身无自激活作用。

8.3.3　WRKY 蛋白在酵母细胞中的表达

利用 Western blotting 技术检测了转化 pGBKT7-WRKY 质粒酵母细胞裂解物的有无与大小，结果如图 8-20 所示，特异性条带即为融合蛋白，证明 BD-WRKY 融合蛋白在酵母细胞 AH109 中能正常表达，且该融合蛋白的大小约为 55kDa，重组质粒可用于后续实验。

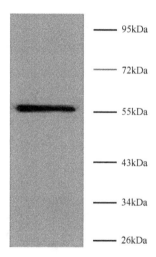

图 8-20　Western blotting 检测 BD-WRKY 融合蛋白的表达(彩图请扫封底二维码)

8.3.4　pGBKT7-WRKY 与 pGADT7-cDNA 共转化后的筛选

将在 SD/-Leu/-Trp/-His 平板上筛选得到的阳性克隆分别接种至 SD/-Leu/-Trp 和 SD/-Leu/-Trp/-His/-Ade 平板上，每个克隆重复接种两次。最终在 SD/-Leu/-Trp/-His 平板上共筛选得到 18 个克隆，其中有 12 个克隆在 SD/-Leu/-Trp/-His/-Ade 平板上也能正常生长(图 8-21)。

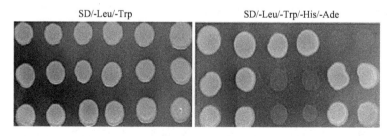

图 8-21　酵母双杂交的初次筛选(彩图请扫封底二维码)

将初筛所获得的能够在 SD/-Leu/-Trp/-His/-Ade 平板上生长的 12 个阳性克隆再接种至另一块 SD/-Leu/-Trp/-His/-Ade 平板上，每个克隆重复接种两次，进行第二次筛选。最终经过两轮验证后，初次筛选所得到的 12 个克隆中有 10 个克隆仍可在 SD/-Leu/-Trp/-His/-Ade 培养基上正常生长(图 8-22)。

SD/-Leu/-Trp/-His/-Ade

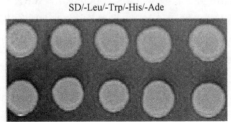

图 8-22　酵母双杂交的二次筛选(彩图请扫封底二维码)

提取上述 10 个阳性克隆内的文库质粒，经转化大肠杆菌后得到携带阳性质粒的大肠杆菌克隆。扩增并纯化出阳性质粒，通过 PCR 反应鉴定所提取的文库质粒中插入基因片段的大小(图 8-23)，排除插入片段大小相同的克隆，最终获得 8 种插入片段大小各不相同的克隆(命名为 C1~C8)。

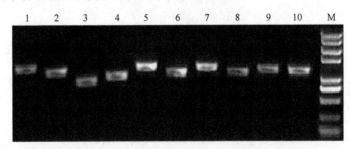

图 8-23　阳性克隆 PCR 电泳

1~10. 1~10 号阳性克隆 PCR 产物；M. DNA Marker

8.3.5　阳性克隆的验证

将之前筛选得到的 8 种文库质粒分别与 pGBKT7-WRKY 诱饵载体共转化至 AH109 细胞内，并铺于 SD/-Leu/-Trp 平板上，待克隆长出后，将克隆分别接种至 SD/-Leu/-Trp 和 SD/-Leu/-Trp/-His/-Ade 平板上，以验证文库质粒编码蛋白和诱饵蛋白之间是否具有相互作用。另外，同步进行阳性对照质粒(pGBKT7-53+ pGADT7-T)和阴性对照质粒(pGBKT7+pGADT7)的酵母细胞转化实验。

从每组平板上挑取克隆，分别接种至 SD/-Leu/-Trp 和 SD/-Leu/-Trp/-His/-Ade 平板上，克隆生长情况如图 8-24 所示，阳性对照 pGBKT7-53+pGADT7-T 共转化后的酵母细胞能在 SD/-Leu/-Trp/-His/-Ade 上正常生长，而阴性对照 pGBKT7+ pGADT7 共转化后的酵母则不能在 SD/-Leu/-Trp/-His/-Ade 上正常生长；实验组质粒 pGBKT7-WRKY+pGADT7-C1、C2、C3、C5、C6、C8 转化后的酵母细胞能在

SD/-Leu/-Trp/-His/-Ade 上生长，但阴性对照 pGBKT7+pGADT7-C3 转化后的酵母细胞也能在 SD/-Leu/-Trp/-His/-Ade 上生长，说明 C3 为假阳性克隆。综合以上信息，回转验证共获得 5 种真正的阳性克隆，即 C1、C2、C5、C6 和 C8。

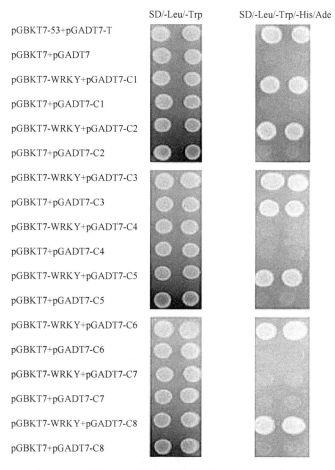

图 8-24　酵母双杂交回转验证(彩图请扫封底二维码)

8.3.6　阳性克隆所携 cDNA 片段的生物信息学分析

根据 5 种阳性克隆的测序结果，检索 Phytozome v12.0 和 NCBI 数据库，获得 5 个阳性 cDNA 片段所对应的毛果杨同源基因/蛋白全长序列。保守结构域分析表明：C1 携带的是环化酶相关蛋白(CAP1)，C2 和 C6 携带的是预测蛋白(HP1 和 HP2)，C5 携带的是 RNA 识别基序蛋白(RRM)，C8 携带的是泛素样修饰蛋白酶 1(Ulp1)。亚细胞定位预测结果表明：CAP1 可能定位于细胞核以外；HP1 可能定位于叶绿体；RRM 可能定位于细胞核；HP2 可能定位于细胞质或细胞核；Ulp1

可能定位于细胞核。针对启动子区的生物信息学分析结果表明：CAP1 的毛果杨同源基因上游有 2 个 W-box；HP1 的毛果杨同源基因上游有 6 个 W-box；RRM 的毛果杨同源基因上游有 10 个 W-box；HP2 的毛果杨同源基因上游有 8 个 W-box；Ulp1 的毛果杨同源基因上游有 13 个 W-box（表 8-3）。

表 8-3　阳性克隆的生物信息学分析

Clone	Orthologous *Pt* gene model	Protein name	Protein weight /kDa	Subcellular localization		Amount of W-box
				PSORT	CELLO	
C1	Potri.004G153900	cyclase associated protein	49.8	mms	chl, cyt	2
C2	Potri.004G092100	hypothetical protein 1	36.9	ctm	chl	6
C5	Potri.008G146700	RNA recognition motif-containing protein	48.0	nuc	nuc	10
C6	Potri.010G127000	hypothetical protein 2	49.8	cyt	nuc	8
C8	Potri.002G105700	Ulp1 protease protein	114.8	nuc	nuc	13

注：Amount of W-box. CAP1、HP1、RRM、HP2 及 Ulp1 的毛果杨同源基因上游 W-box 的个数；mms. 线粒体基质；chl. 叶绿体；cyt. 细胞质；ctm. 叶绿体类囊体膜；nuc. 细胞核

8.3.7　互作蛋白的 GST-pull down 体外验证

8.3.7.1　重组质粒 PGEX-5X-1/WRKY 的获得

PsnWRKY70 的 PCR 扩增显示，在凝胶的 966bp 处可看到清晰的条带（图 8-25-A）。PGEX-5X-1/WRKY 重组质粒的酶切产物电泳结果显示，1～4 号克隆所含的质粒在经过酶切后均可见到长度正确的插入片段，选择 1 号克隆进行测序，结果显示克隆的序列正确，表明重组质粒 PGEX-5X-1/WRKY 构建成功（图 8-25-B）。

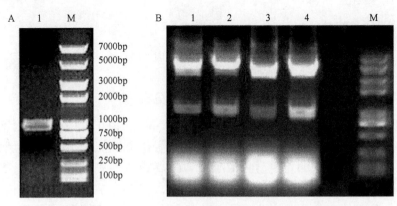

图 8-25　*PsnWRKY70* 的克隆及重组质粒的酶切鉴定

M. DNA Marker；A. 1. *PsnWRKY70* 的 PCR 产物；B. 1～4. 1～4 号阳性克隆的重组质粒酶切产物

8.3.7.2 GST-WRKY 融合蛋白的原核表达与纯化

将重组质粒 PGEX-5X-1/WRKY 转入 BL21（DE3）感受态细胞中以后，提取相应的蛋白质进行 10% SDS 聚丙烯酰胺凝胶电泳及考马斯亮蓝染色。电泳结果显示，0.1mmol/L IPTG 在 37℃培养 3h 可大量诱导 GST 和 GST-WRKY 融合蛋白表达，其分子质量均符合预期，分别大约为 28kDa 和 64kDa，而未用 IPTG 诱导的阴性对照组，则未在相应部位出现特异性强的清晰蛋白条带（图 8-26）。

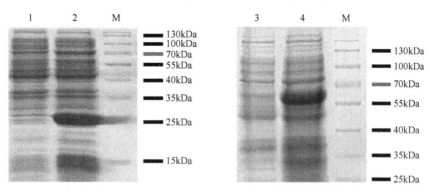

图 8-26　GST 和 GST-WRKY 蛋白的诱导表达（彩图请扫封底二维码）

1. IPTG 诱导前的 GST；2. IPTG 诱导后的 GST；3. IPTG 诱导前的 GST-WRKY；4. IPTG 诱导后的 GST-WRKY；
M. Protein ladder

再利用谷胱甘肽 Sepharose 4B 纯化 GST 及 GST-WRKY 融合蛋白，将纯化后的蛋白分别上样于 10% SDS 聚丙烯酰胺凝胶进行电泳检测。结果显示，GST 和 GST-WRKY 蛋白在非变性条件下经谷胱甘肽 Sepharose 4B 纯化后，虽然仍有少量杂质蛋白存在，但纯度已达 90%以上，满足后续实验要求（图 8-27）。

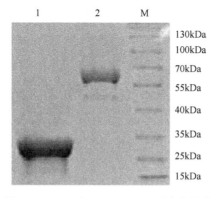

图 8-27　GST 和 GST-WRKY 蛋白的纯化

1. GST 纯化蛋白；2. GST-WRKY 纯化蛋白；M. Protein ladder

8.3.7.3　pRSETα/X 原核表达载体的构建

对 *X*(*X* = *HP1*、*CAP1*、*RRM*、*HP2* 或 *Ulp1*)基因片段进行 PCR 扩增后，通过1%琼脂糖凝胶电泳鉴定 PCR 产物。电泳结果显示，在与 *HP1*、*CAP1*、*RRM*、*HP2* 和 *Ulp1* 长度一致的位置处分别可看到清晰的目的条带(图 8-28)。

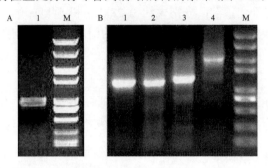

图 8-28　*X* 基因的克隆

A. 1. *HP1* 的 PCR 产物；B. 1～4 依次为 *RRM*、*HP2*、*CAP1*、*Ulp1* 的 PCR 产物；M. DNA Marker

另外，还利用双酶切法鉴定了重组质粒 pRSETα/X 是否构建成功，结果显示，经过酶切后各个重组质粒均可产生长度正确的酶切产物(图 8-29)。挑选合适的克隆进行测序，测序结果也证明各重组质粒中的插入片段序列正确。

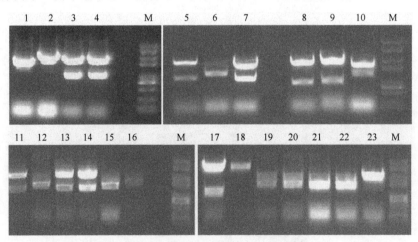

图 8-29　酶切鉴定 pRSETα/X 重组质粒

1～4. pRSETα/HP1 酶切；5～7. pRSETα/CAP1 酶切；8～10. pRSETα/RRM 酶切；11～16. pRSETα/HP2 酶切；17～23. pRSETα/Ulp1 酶切；M. DNA Marker

8.3.7.4　His-X 融合蛋白的大量表达和纯化

根据小量诱导蛋白表达的预实验可知最佳诱导条件，电泳结果显示：

0.1mmol/L IPTG 在 37℃培养 3h 可显著诱导 His-X（X=HP1、RRM、CAP1、HP2 或 Ulp1）融合蛋白的表达，其分子质量符合预期，依次为 40kDa、50kDa、55kDa、52kDa、120kDa，而未用 IPTG 诱导的阴性对照组则未在相应部位出现清晰蛋白条带（图 8-30）。

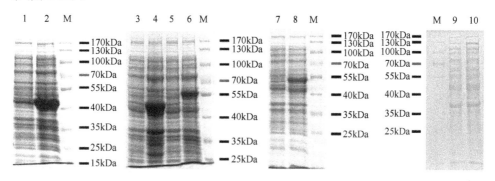

图 8-30　His-X 蛋白的诱导表达（彩图请扫封底二维码）

1. IPTG 诱导前的 His-HP1；2. IPTG 诱导后的 His-HP1；3. IPTG 诱导前的 His-RRM；4. IPTG 诱导后的 His-RRM；
5. IPTG 诱导前的 His-CAP1；6. IPTG 诱导后的 His-CAP1；7. IPTG 诱导前的 His-HP2；8. IPTG 诱导后的 His-HP2；
9. IPTG 诱导前的 His-Ulp1；10. IPTG 诱导后的 His-Ulp1；M. Protein ladder

利用 50% Ni-NTA His·Bind 树脂及 Ni-NTA 漂洗缓冲液洗脱、纯化 His-X 融合蛋白，再取适量纯化后的融合蛋白上样于 10% SDS 聚丙烯酰胺凝胶，根据电泳结果可知，本实验已成功获得纯度较高的 His-X（X=HP1、CAP1、RRM、HP2 或 Ulp1）融合蛋白（图 8-31）。

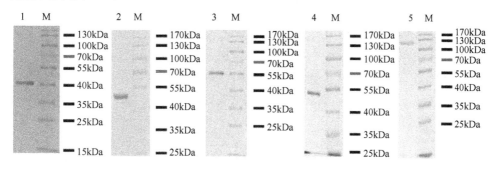

图 8-31　His-X 蛋白的纯化（彩图请扫封底二维码）

1. His-HP1 纯化蛋白；2. His-RRM 纯化蛋白；3. His-CAP1 纯化蛋白；4. His-HP2 纯化蛋白；5. His-Ulp1 纯化蛋白；
M. Protein ladder

8.3.7.5　His-X 与 GST-WRKY 融合蛋白之间相互作用的检测

将等量纯化的 His-X（X=HP1、CAP1、RRM、HP2 或 Ulp1）蛋白分别上样至普通谷胱甘肽-琼脂糖树脂及结合了 GST、GST-WRKY 蛋白的谷胱甘肽-琼脂糖树脂。利用 SDS 聚丙烯酰胺凝胶电泳分离出相互作用的蛋白,并通过 Western blotting 检测互作蛋白。根据 Western blotting 检测结果可知,在上样量一致的情况下, His-HP1、His-RRM 和 His-Ulp1 能与 GST-WRKY 结合,但不能与 GST 结合,说明 HP1、RRM 及 Ulp1 与 *Psn*WRKY70 蛋白之间存在互作关系(图 8-32-A、B、E); His-CAP1 和 His-HP2 既不能与 GST-WRKY 结合,也不能与阴性对照 GST 蛋白显著结合,说明在体外环境下 CAP1 和 HP2 不能直接与 *Psn*WRKY70 蛋白相互作用 (图 8-32-C、D)。

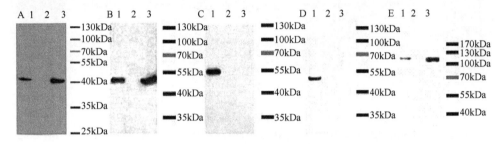

图 8-32 互作蛋白的 Western blotting 检测(彩图请扫封底二维码)

A~E 分别代表 His-HP1、His-RRM、His-CAP1、His-HP2 和 His-Ulp1 的检测结果;1、2、3 表示等量的 His-X 分别上样于普通的、结合了 GST、GST-WRKY 的谷胱甘肽-琼脂糖树脂

根据林木遗传育种国家重点实验室(东北林业大学)前期获得的转录组数据及 qRT-PCR 结果,*PsnWRKY70* 的表达量在盐胁迫下会发生显著变化(Chen et al., 2012b;Zhao et al., 2015),这暗示 *PsnWRKY70* 可能会参与调控小黑杨盐胁迫的应答信号转导网络。近年来,为了更好地了解 WRKY 转录因子参与调控植物非生物胁迫应答信号转导网络的作用机制,越来越多的研究开始关注 WRKY 转录因子的互作蛋白,即通过探究 WRKY 的互作蛋白及具体互作机制来揭示 WRKY 转录因子所参与的胁迫应答调控网络。目前,已报道的 WRKY 转录因子互作蛋白(伙伴蛋白)包括:拟南芥和油菜的丝裂原活化蛋白激酶(MAPK)(Popescu et al., 2009)、MAPK 激酶(MAPKK)(Liang et al.,2013),拟南芥 14-3-3 蛋白(14-3-3 protein)(Chang et al., 2009)、钙调蛋白(calmodulin)(Park et al., 2005)和组蛋白脱乙酰酶(histone deacetylase)(Kim et al., 2008),大麦(*Hordeum vulgare*)的防御蛋白(resistance protein)(Shen et al.,2007)及一些 WRKY 转录因子(Xie et al.,2006;Xu et al.,2006)。

自从 Fields 和 Song(1989)首次提出酵母双杂交实验的概念以来,该技术已逐渐被广泛应用于互作蛋白探究这一分子生物学领域。高效、直接地检测出与诱饵蛋白相互作用的捕获蛋白质是酵母双杂交技术的最大优点。但该技术也有一定的局限性,最常见的技术局限之一就是假阳性克隆的干扰,筛选结果出现假阳性的原因主要是被检测蛋白具有自激活活性或者其表面含有对多种蛋白质的亲和区域 (Luban and Goff, 1995)。本实验以 *Psn*WRKY70 转录因子为诱饵,利用酵母双杂交技术对盐胁迫后的小黑杨 cDNA 文库进行了两次筛选。针对假阳性克隆干扰问题，我们首先对诱饵蛋白进行了自激活活性检测，其次对二次筛选所获得的阳性克隆进行了酵母细胞回转验证及 GST-pull down 体外验证，最终获得了 3 种能直接与 *Psn*WRKY70 结合并互作的蛋白质，即 HP1（预测蛋白 1，含有 clpP 结构域）、RRM（包含 RNA 识别基序的蛋白）和 Ulp1（泛素样修饰蛋白酶 1）。此前，Butler 和 Hannapel（2012）曾指出，马铃薯中富含 RRM 结构域的多聚嘧啶串结合蛋白（polypyrimidine tract binding protein，*St*PTB）参与调控植株对于光照、高温、干旱及机械损伤等非生物胁迫的应答进程。通过一系列的遗传转化（包括基因的敲除和超表达）实验，Conti 等（2008）证明了拟南芥泛素样修饰蛋白酶在盐胁迫应答信号转导网络中具有重要作用。而根据 Rakwal 等（2003）的蛋白双向凝胶电泳及氨基酸测序实验可知，水稻叶片中的 CLP protease 在外施 SO_2 的刺激下会被显著诱导。综上所述，我们推测 HP1、RRM 和 Ulp1 蛋白均有可能参与调控植物非生物胁迫应答信号转导网络，即本实验所获得的在盐胁迫条件下与 *Psn*WRKY70 转录因子相互作用的 3 种蛋白质是合理存在的。

W-box 是能够与 WRKY 蛋白特异性结合的 DNA 序列，通过对 *HP1*、*RRM* 和 *Ulp1* 的毛果杨同源基因编码区上游 2000bp 的序列进行生物信息学分析可知，这 3 个阳性基因的毛果杨同源基因的启动子区均富集了大量的 W-box 元件。根据不同品种杨树基因组序列之间的高度同源性，我们猜测相应的小黑杨 *HP1*、*RRM* 和 *Ulp1* 基因启动子区也可能富含 W-box，而 *Psn*WRKY70 可能通过特异性识别并结合这些 W-box 而作用于 HP1、RRM 和 Ulp1 蛋白，进而参与小黑杨盐胁迫应答进程。然而，考虑到小黑杨与毛果杨非编码区之间也可能存在序列变异（前期的启动子测序结果表明，*Psn*WRKY70 与其毛果杨同源基因的启动子序列有区别），需要进一步对小黑杨 *HP1*、*RRM* 和 *Ulp1* 基因启动子进行克隆与测序，以鉴定这 3 个阳性基因的启动子区是否真的富含 W-box 元件。

本实验通过酵母双杂交和 GST-pull down 验证实验证明了 HP1、RRM、Ulp1 蛋白在盐胁迫条件下能够与 *Psn*WRKY70 转录因子相互作用，为进一步揭示小黑杨盐胁迫应答信号转导机制提供了线索。然而，由于前人对于 WRKY 蛋白参与非生物胁迫应答的研究主要集中于草本模式植物，且研究途径各有不同，目前关于 HP1、RRM 和 Ulp1 蛋白与 WRKY 转录因子之间的互作关系尚未有报道。因此，我们计划通过进一步的遗传转化、蛋白质截短、氨基酸点突变等分子生物学实验来更深入地探究这 3 种阳性蛋白与 *Psn*WRKY70 之间的具体互作结构域和互作机制。

8.4　*PsnWRKY70* 基因功能研究

根据 *PsnWRKY70* 的胁迫应答时序表达模式分析及 *PsnWRKY70* 的启动子功能

预测可知，*Psn*WRKY70 可能是一个广泛参与调控小黑杨生物与非生物胁迫应答进程的转录因子。为了进一步揭示 *Psn*WRKY70 基因/*Psn*WRKY70 蛋白在小黑杨生物与非生物胁迫应答中的具体功能，我们分别构建了 *Psn*WRKY70 的超表达和干扰表达载体，并对小黑杨进行了同源遗传转化，通过表型观测、灾害指数调查、光合作用参数测定、生理生化指标测定等实验对转 *Psn*WRKY70 和非转基因小黑杨苗木进行了抗逆性分析，最后通过转录组测序分析进一步挖掘了 *Psn*WRKY70 所参与的盐胁迫应答信号转导通路。

8.4.1　*Psn*WRKY70 在小黑杨不同组织部位的表达特性

通过 qRT-PCR 检测 *Psn*WRKY70 在小黑杨根、茎、叶部位的相对表达量，结果表明，*Psn*WRKY70 在小黑杨叶片中的表达量最高，而在根和茎中的表达量相对较低（图 8-33），因此本研究中后续的检测实验主要是以叶片为材料来进行。

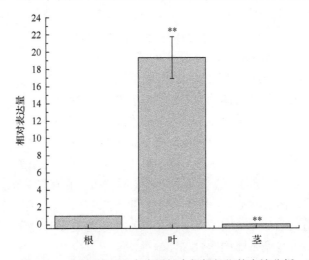

图 8-33　*PsnWRKY70* 在小黑杨中组织部位的表达分析

8.4.2　*Psn*WRKY70 植物表达载体的构建

8.4.2.1　*Psn*WRKY70 的克隆

以 NaCl 胁迫后的小黑杨花粉植株叶片 cDNA 为模板，分别以 *PsnWRKY70*-F、*PsnWRKY70*-R 为上、下游引物对目的基因进行 PCR 扩增，最终在 1000bp 附近出现两条长度相同的清晰条带，与目的基因长度（966bp）一致，后期实验证明其为目的条带（图 8-34）。

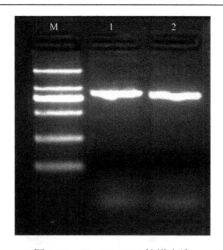

图 8-34　*PsnWRKY70* 扩增电泳

M. DNA Marker；1、2. *PsnWRKY70* 的 PCR 产物

8.4.2.2　*PsnWRKY70* 植物超表达载体的构建

超表达 *PsnWRKY70* 的 EHA105 工程菌构建完成后，挑取工程菌阳性单克隆，于 28℃恒温振荡培养过夜。分别以所得菌液、去离子水为模板，以 pGWB5-F 和 pGWB5-R、*PsnWRKY70*-F 和 pGWB5-R、M13-F 和 M13-R 为引物进行 PCR 检测。结果表明以 pGWB5-F 和 pGWB5-R、*PsnWRKY70*-F 和 pGWB5-R 为引物，以阳性克隆菌液为模板的 PCR 反应均扩增出了特异性条带，且二者长度有差别，以 pGWB5-F 和 pGWB5-R 为引物扩增出的条带稍长于以 *PsnWRKY70*-F 和 pGWB5-R 为引物扩增出的条带。以 M13-F 和 M13-R 为引物(阴性对照)，以阳性克隆菌液、水为模板，并未扩增出有效条带(图 8-35)。说明 *PsnWRKY70*-pGWB5 重组质粒已经转入 EHA105 细胞，*PsnWRKY70* 超表达载体构建成功。

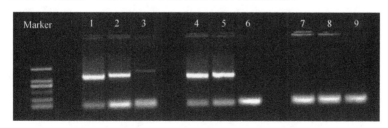

图 8-35　*PsnWRKY70* 超表达载体构建菌液 PCR 检测

1～3. 引物为 pGWB5-F 和 pGWB5-R，模板为阳性克隆菌液 1 号、2 号及去离子水；4～6. 引物为 *PsnWRKY70*-F 和 pGWB5-R，模板为阳性克隆菌液 1 号、2 号及去离子水；7～9. 引物为 M13-F 和 M13-R，模板为阳性克隆菌液 1 号、2 号及去离子水

重组 *PsnWRKY70*-pGWB5 质粒的示意图详见图 8-36-A。*Psn*WRKY70-GFP 重

组蛋白的二级和三级结构预测结果见图 8-36-B 和 8-36-C，*Psn*WRKY70 蛋白部分得分最高的 parent 蛋白结构域是 2ayd（http://www.ebi.ac.uk/thornton-srv/databases/cgi-bin/pdbsum/GetPage.pl?pdbcode=2ayd），说明该重组质粒理论上应该能在转基因植物中正常表达。

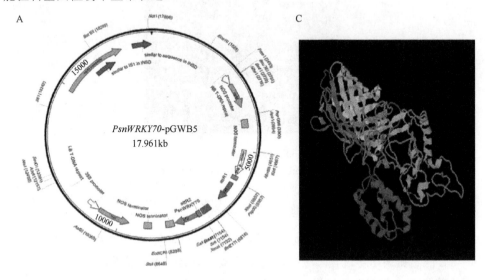

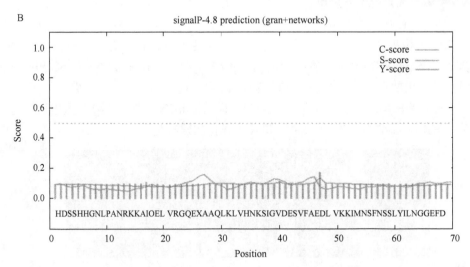

图 8-36　*PsnWRKY70*-pGWB5 重组质粒及 *Psn*WRKY70-GFP 融合蛋白（彩图请扫封底二维码）

A. *PsnWRKY70*-pGWB5 重组质粒；B. *Psn*WRKY70-GFP 融合蛋白的二级结构，S-score：信号肽值，C-score：剪切
位点值，Y-score：综合值；C. *Psn*WRKY70-GFP 融合蛋白的三级结构

8.4.2.3 *PsnWRKY70* 人工 RNAi 干扰表达载体构建

含有 *PsnWRKY70* 特异性 RNAi 干扰片段的 EHA105 工程菌构建完成后，挑取阳性单克隆于 28℃恒温振荡培养过夜。分别以所得菌液及其质粒、去离子水为模板，以 pGWB5-F 和 pGWB5-R、pGWB5-F 和 B 为引物进行 PCR 检测。结果表明，以 pGWB5-F 和 pGWB5-R 和 pGWB5-F 和 B 为引物，以阳性克隆菌液及其质粒为模板的 PCR 反应均扩增出了特异性条带，且二者长度有差别，以 pGWB5-F 和 pGWB5-R 为引物扩增出的条带稍长于以 pGWB5-F 和 B 为引物扩增出的条带(图 8-37)。

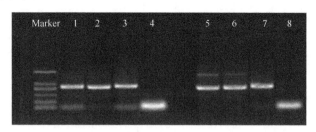

图 8-37 *PsnWRKY70* 干扰表达载体构建的 PCR 检测

1~4. 引物为 pGWB5-F 和 pGWB5-R，模板为阳性克隆菌液及其质粒、去离子水；5~8. 引物为 pGWB5-F 和 B，模板为阳性克隆菌液及质粒、去离子水

阳性克隆的测序结果表明，pRS300 质粒的茎环结构中有两段序列已被人工微RNA(microRNA)所取代，说明 *PsnWRKY70* 特异的植物人工 RNAi 干扰表达载体构建成功(图 8-38)。

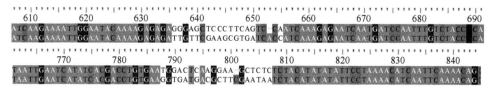

图 8-38 *PsnWRKY70* 干扰表达载体阳性克隆测序(彩图请扫封底二维码)

8.4.3 转 *PsnWRKY70* 小黑杨的获得

8.4.3.1 转 *PsnWRKY70* 小黑杨抗性株系的获得

用含有 *PsnWRKY70* 超表达载体、干扰表达载体及 pGWB5 空载体的 EHA105 菌液侵染无菌且带伤口的小黑杨叶片。经过 4 周的初次选择培养及 4 周的二次筛选，最终获得了 8 个超表达转基因株系(OEX1~OEX8)、10 个干扰表达转基因株系(REX1~REX10)及 7 个空载对照株系(VEX1~VEX7)(图 8-39)。

图 8-39　转 *PsnWRKY70* 小黑杨的获得（彩图请扫封底二维码）

A. 预培养；B. 选择培养阶段 1；C. 选择培养阶段 2；D. 阳性转化子出现；E. 转化子分化；F. 二次筛选；
G. 二次分化；H. 组培生根苗；I. 移栽大田苗

8.4.3.2　转 *PsnWRKY70* 小黑杨 PCR 检测

以 *PsnWRKY70* 超表达和干扰表达工程菌质粒（阳性对照）、转基因和非转基因株系的基因组 DNA 及去离子水（阴性对照）为模板对所获得的转基因株系进行 PCR 检测。结果表明，*PsnWRKY70* 的编码区在小黑杨 OEX 株系中特异性表达（图 8-40-A）；人工 RNAi 干扰表达载体的特异性引物 A & B 能在 REX 株系中扩增出特异性条带（图 8-40-B）；卡那霉素抗性基因 *npt II* 的特异性引物（扩增子 545bp）在 OEX、REX 及 VEX 株系中都扩增出了清晰的特异性条带（图 8-40-C）。以上这些结果说明本实验所筛选出的转化子均为真阳性。

8.4.3.3　转 *PsnWRKY70* 小黑杨 qRT-PCR 检测

qRT-PCR 结果表明，*PsnWRKY70* 在 VEX1 中的表达量与在非转基因 NT 中的表达量无明显差异，说明 pGWB5 空载质粒的转入不会影响 *PsnWRKY70* 在小黑杨叶片中的表达，后续实验用 NT 做阴性对照是合理的；*PsnWRKY70* 在 OEX1～OEX6 株系中的表达量显著高于其在 NT 株系中的表达量，在 OEX7、OEX8 中的表达量也略高于 NT；*PsnWRKY70* 在 REX1～REX10 株系中的表达量显著低于其在 NT 株系中的表达量（图 8-41）。以上结果证明，与非转基因株系相比，*PsnWRKY70* 在超表达和干扰表达转基因株系中的表达量确实发生了显著变化。

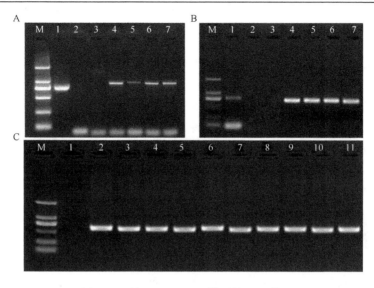

图 8-40 转 *PsnWRKY70* 株系的 PCR 检测

M. DNA Marker；A. 引物为 *PsnWRKY70*-F 和 *PsnWRKY70*-R，1. 模板为 *PsnWRKY70* 超表达阳性质粒，2. 模板为非转基因株系基因组 DNA，3. 模板为去离子水，4～7. 模板分别为 OEX1～OEX4 株系基因组 DNA；B. 引物为 A & B，1. 模板为 *PsnWRKY70* 干扰表达阳性质粒，2. 模板为非转基因株系基因组 DNA，3. 模板为去离子水，4～7. 模板分别为 REX1～REX4 株系基因组 DNA；C. 引物为 *npt II*-F & *npt II*-R，1. 模板为非转基因株系基因组 DNA，2. 模板为 pGWB5 质粒，3. 模板为 OEX1 的基因组 DNA，4. 模板为 REX1 的基因组 DNA，5～11. 模板为 VEX1～VEX7 的基因组 DNA

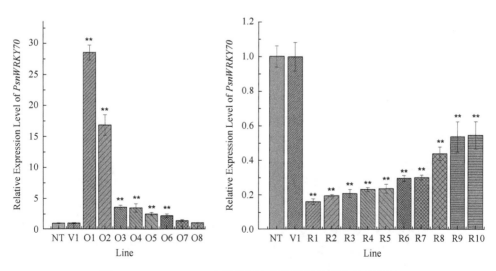

图 8-41 *PsnWRKY70* 在转基因和非转基因株系中的表达量

V1. 转空载株系；O1～O8. 超表达 1～8 号株系；R1～R10. 干扰表达 1～10 号株系

8.4.3.4　转 *PsnWRKY70* 小黑杨 Northern 杂交

根据斑点杂交结果可知，*PsnWRKY70* 和 *Psn18S rRNA* 探针的灵敏度均较高，达到 Northern 杂交的探针使用标准（图 8-42-A）。Northern 杂交显影、定影后的胶片见图 8-42-B，*PsnWRKY70* 在 OEX1～OEX3 株系中的表达量明显高于其在 NT 和 REX1～REX3 株系中的表达量，而参照持家基因 *Psn18S rRNA* 在 NT 和转基因株系中的表达量无显著差别。此结果从 RNA（转录）水平上证明了转基因株系的真阳性。

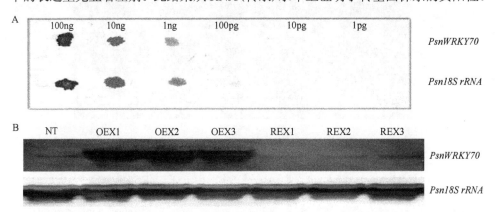

图 8-42　转 *PsnWRKY70* 小黑杨斑点杂交和 Northern 杂交（彩图请扫封底二维码）

A. 斑点杂交；B. Northern 杂交

8.4.3.5　转 *PsnWRKY70* 小黑杨根系组织细胞中 GFP 显微观测

为了从蛋白质水平上鉴定转基因植株的真伪，我们利用荧光显微镜观察了转基因及 NT 组培幼苗须根中的 GFP 荧光。结果在 NT 根系中观察不到绿色荧光，而转基因植株根系中则有大量的 GFP 绿色荧光（图 8-43），说明 *PsnWRKY70*-GFP 在超表达植株的基因组中能正常翻译，而 *PsnWRKY70*-RNAi-GFP 在干扰表达植株的基因组中也能正常翻译。

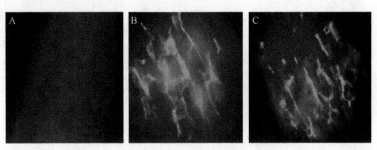

图 8-43　转 *PsnWRKY70* 小黑杨根中 GFP 的显微观察（彩图请扫封底二维码）

A. NT 的须根；B. OEX1 的须根；C. REX1 的须根

8.4.4　转 *PsnWRKY70* 小黑杨耐盐性分析

8.4.4.1　NaCl 胁迫下转基因小黑杨表型特征和苗高比较

NaCl 胁迫 15 天后，干扰表达(REX)株系受胁迫症状相对较轻，而超表达(OEX)株系和 NT 株系则表现出较严重的盐害症状(图 8-44)。在非胁迫条件下，REX 株系的苗木普遍高于 NT 和 OEX 株系。NaCl 胁迫后，REX1 株系的相对高生长最大，达到 29.6%；而 OEX2 株系的相对高生长最小，仅有 19.9%(表 8-4)。在相同的时间段内，相对高生长代表着各株系的生长速度，因此我们认为，NaCl 胁迫下 REX 苗木的生长速度最快，NT 次之，而 OEX 苗木的生长速度最慢。

图 8-44　NaCl 胁迫下各株系的表型(彩图请扫封底二维码)

表 8-4 NaCl 胁迫前后各株系的高生长

株系	苗高/cm		绝对高生长/cm	相对高生长/%
	0 天	15 天		
NT	22.63±1.52b	28.86±1.94b	6.23±0.47c	27.5±1.0c
OEX1	19.68±1.69c	23.84±2.04cd	4.16±0.36d	21.1±0.6d
OEX2	18.60±1.84c	22.31±2.36d	3.71±0.53e	19.9±1.1e
OEX3	19.76±0.98c	24.00±1.21c	4.24±0.24d	21.5±0.4d
REX1	22.76±0.77b	29.49±1.12b	6.73±0.36b	29.6±0.8a
REX2	25.71±1.43a	33.03±1.80a	7.32±0.43a	28.5±1.0b
REX3	23.16±0.78b	29.76±1.14b	6.60±0.38b	28.5±0.9b

注：绝对高生长=15 天苗高−0 天苗高；相对高生长=绝对高生长/0 天苗高，全书同

8.4.4.2 NaCl 胁迫下转基因小黑杨光合特性比较

植物叶片的叶绿素荧光、叶绿素含量及净光合速率等光合作用参数能够直接反映植物的光合能力，当植物遭受胁迫损伤时，这些光合参数也会随之下降。根据 NaCl 胁迫前后各株系苗木的叶绿素荧光、叶绿素含量和净光合速率测定结果可知，胁迫前，各株系叶片的光合参数无明显差异；NaCl 胁迫后，各株系的叶绿体 PSⅡ系统光化学效率、叶绿素含量及净光合速率均出现下降趋势，表明 NaCl 胁迫后各株系的光合能力均有所降低；其中，REX 株系的 3 种光合参数下降幅度较小，而 NT 和 OEX 株系片的 3 种光合参数下降则较为明显；说明 NT 和 OEX 株系(尤其是 OEX2)的光合作用受到较为严重的盐胁迫伤害，而 REX 株系(尤其是 REX1)的光合作用则受到较轻的盐害影响(表 8-5)。

表 8-5 NaCl 胁迫前后各株系的光合参数

株系	PSⅡ系统光化学效率		叶绿素含量/SPAD		净光合速率/[μmol/(m²·s)]	
	0 天	12 天	0 天	12 天	0 天	12 天
NT	0.806±0.009a	0.453±0.019c	33.63±1.85a	23.03±0.86bc	14.72±0.64a	6.93±0.89c
OEX1	0.804±0.008a	0.336±0.021e	33.50±1.47a	21.53±0.83c	15.07±0.24a	5.77±0.27d
OEX2	0.805±0.006a	0.238±0.027f	33.07±2.32a	18.17±1.14b	15.14±0.53a	4.41±0.35e
OEX3	0.801±0.007a	0.378±0.023d	33.10±2.49a	21.97±2.17c	15.21±0.12a	5.80±0.51d
REX1	0.807±0.005a	0.697±0.012a	33.40±2.71a	27.66±1.01a	15.18±0.28a	9.44±0.47a
REX2	0.805±0.011a	0.625±0.016b	33.03±2.83a	24.94±1.06b	15.15±0.55a	8.63±0.48ab
REX3	0.802±0.010a	0.607±0.017b	33.07±1.42a	24.40±0.53b	15.29±0.15a	8.25±0.69b

8.4.4.3 NaCl 胁迫下转基因小黑杨盐害指数比较

在 NaCl 胁迫 12 天后进行叶片盐害指数调查，发现 NaCl 胁迫后，OEX 株系叶片的盐害指数明显高于 NT 和 REX 株系，其中 OEX2 株系的盐害指数高达 76.19%，而 REX1 株系的盐害指数仅有 52.06%（图 8-45）。

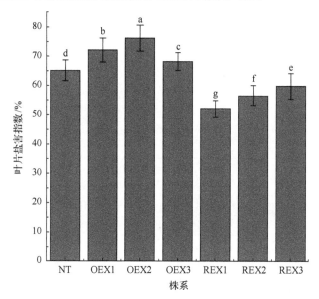

图 8-45 NaCl 胁迫后各株系叶片的盐害指数

8.4.4.4 NaCl 胁迫下转基因小黑杨丙二醛含量比较

测定 NaCl 胁迫后第 0 天、第 3 天、第 6 天、第 9 天、第 12 天各株系叶片的丙二醛含量，发现植株在遭受 NaCl 胁迫 6 天后，丙二醛含量均开始出现上升趋势，说明叶片在损伤后质膜过氧化进程加剧。胁迫 9 天后，OEX 株系（尤其是 OEX2）的丙二醛含量升高幅度最为急剧，而 NT 和 REX 株系（尤其是 REX2）的丙二醛含量升高幅度则比较平缓（图 8-46）。

8.4.4.5 NaCl 胁迫下转基因小黑杨相关基因表达量变化模式

在 NaCl 胁迫 36h 后，*PsnWRKY70*、*PsnNAM*、*PsnMYB* 和 *PsnGT1* 在 NT 株系中的表达量均表现出下调趋势。同时，这 4 个基因在 OEX1 株系中的表达量也显著下调（其中 *PsnWRKY70* 的表达量下降为 0h 的 0.047 倍）。而在 REX1 中，4 个基因表达量基本无显著变化（只有 *PsnGT1* 的表达量略有升高，是 0h 的 1.29 倍）（图 8-47-A）。

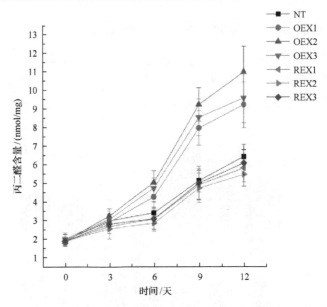

图 8-46　NaCl 胁迫后各株系叶片丙二醛含量的时序变化(彩图请扫封底二维码)

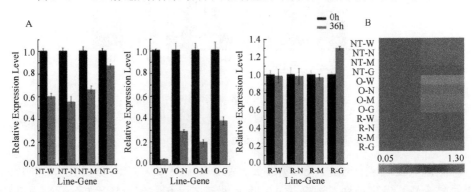

图 8-47　NaCl 胁迫前后各株系 *PsnWRKY70*、*PsnNAM*、*PsnMYB* 和 *PsnGT1* 的表达量变化
(彩图请扫封底二维码)

A. NaCl 胁迫下各基因的胁迫应答表达分析；NT-W、NT-N、NT-M、NT-G 分别代表 NT 株系的 *PsnWRKY70*、*PsnNAM*、*PsnMYB* 和 *PsnGT1*；O-W、O-N、O-M、O-G 分别代表 OEX1 株系的 *PsnWRKY70*、*PsnNAM*、*PsnMYB* 和 *PsnGT1*；R-W、R-N、R-M、R-G 分别代表 REX1 株系的 *PsnWRKY70*、*PsnNAM*、*PsnMYB* 和 *PsnGT1*；黑色柱代表 0h 表达量，红色柱代表 36h 表达量，每个柱都是 3 次生物学重复的均值，误差线根据标准差标注；B. 各基因 NaCl 胁迫应答模式聚类分析

　　聚类分析结果表明，在高盐胁迫条件下，*PsnWRKY70*、*PsnNAM*、*PsnMYB* 和 *PsnGT1* 在转基因及非转基因株系中均表现出较为一致的表达量变化模式，这进一步从基因表达水平上证明了 *PsnWRKY70*、*PsnNAM*、*PsnMYB* 及 *PsnGT1* 为 *PsnWRKY70* 的调控因子。其中，*PsnWRKY70* 在 NT 和 OEX1 株系中的胁迫应答模式均为显著下调，而在 REX1 株系中表达量不变。鉴于 *PsnWRKY70* 在 REX1 中的

高表达背景，可推测 *PsnWRKY70* 趋向于以低表达水平来应答盐胁迫（图 8-47-B）。

8.4.5　转 *PsnWRKY70* 小黑杨耐旱性分析

8.4.5.1　PEG6000 胁迫后转基因小黑杨表型特性和苗高比较

PEG6000 胁迫 15 天后，REX 株系的旱害症状相对较轻，而 OEX 和 NT 株系则表现出较严重的旱害症状（图 8-48）。在非胁迫条件下，REX 株系的苗木普遍高于 NT 和 OEX 株系。PEG6000 胁迫条件后，REX 株系生长速度最快（其中 REX1 株系的相对高生长达到 17.8%），NT（16.8%）居中，OEX 株系生长速度最慢（OEX2 株系相对高生长为 15.6%）（表 8-6）。

图 8-48　PEG6000 胁迫后各株系的表型（彩图请扫封底二维码）

表 8-6　PEG6000 胁迫前后各株系的高生长

株系	苗高/cm		绝对高生长/cm	相对高生长/%
	0 天	15 天		
NT	54.72±1.69c	63.92±2.55c	9.20±0.88b	16.8±1.1ab
OEX1	48.66±1.27e	56.53±1.49e	7.87±0.55c	16.2±1.1b
OEX2	51.26±0.94d	59.24±1.56d	7.98±0.73c	15.6±1.2b
OEX3	51.71±1.71d	59.89±2.28d	8.18±0.72c	15.8±1.1b
REX1	55.78±1.39bc	65.71±1.81b	9.93±0.55ab	17.8±0.8a
REX2	58.90±1.27a	69.26±1.98a	10.36±1.28a	17.6±2.1a
REX3	56.74±1.68b	66.65±1.73b	9.91±0.78ab	17.5±1.6a

8.4.5.2　PEG6000 胁迫后各株系旱害指数比较

在 PEG6000 胁迫 12 天后进行叶片旱害指数调查，发现 PEG6000 胁迫后，OEX 株系的叶片旱害指数明显高于 NT 和 REX 株系，其中 OEX2 的叶片旱害指数（68.81%）最大，而 REX1 的叶片旱害指数（51.68%）最小（图 8-49）。

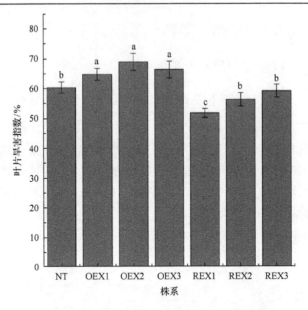

图 8-49　PEG6000 胁迫后各株系的叶片旱害指数

8.4.5.3　PEG6000 胁迫后各株系丙二醛含量比较

测定 PEG6000 胁迫后第 0 天、第 3 天、第 6 天、第 9 天、第 12 天各株系叶片的丙二醛含量，发现 PEG6000 胁迫 6 天后，各株系的丙二醛含量均开始出现上升趋势。与 NaCl 胁迫结果相似，PEG6000 胁迫 9 天后，OEX 株系的丙二醛含量升高幅度最为明显，而 NT 和 REX 株系的丙二醛含量升高幅度则比较小（图 8-50）。综上所述，在遭受高盐和干旱胁迫后，REX 株系的丙二醛含量上升幅度比 NT 小；而 OEX 株系则正好与 REX 株系相反，其丙二醛含量的上升幅度比 NT 要大，说明 REX 与 NT 相比更加抗旱耐盐。

8.4.5.4　PEG6000 胁迫后各株系相关基因表达量变化模式

PEG6000 胁迫 36h 后，*PsnWRKY70*、*PsnNAM*、*PsnMYB* 和 *PsnGT1* 在 NT 与 OEX1 株系中的表达量均显著下调，而在 REX1 中，4 个基因的表达量轻度下调或基本保持不变（图 8-51-A）。聚类分析表明，在 PEG6000 胁迫下，*PsnWRKY70*、*PsnNAM*、*PsnMYB* 和 *PsnGT1* 在转基因及 NT 株系中均表现出较为一致的表达量变化模式，结合 NaCl 胁迫后的定量 PCR 及酵母单杂交实验结果可推测，*Psn*WRKY70、*Psn*NAM、*Psn*MYB 和 *Psn*GT1 蛋白可能在干旱胁迫应答进程中也能调控 *PsnWRKY70* 的表达，其中，*PsnWRKY70* 的表达量在 NT 和 OEX1 株系中均明显下调，而在 REX1 株系中表达量稍有下调。鉴于 *PsnWRKY70* 在 REX1 中的高表达背景，可推测 *PsnWRKY70* 可能通过低表达自身来应答干旱胁迫（图 8-51-B）。

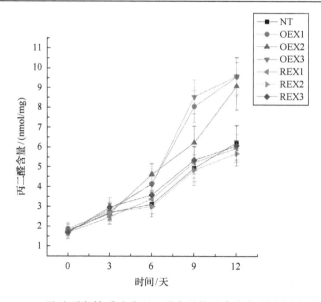

图 8-50 PEG6000 胁迫后各株系叶片丙二醛含量的时序变化(彩图请扫封底二维码)

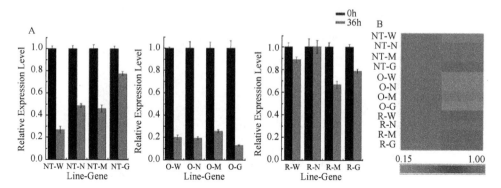

图 8-51 PEG6000 胁迫前后各株系 *PsnWRKY70*、*PsnNAM*、*PsnMYB* 和 *PsnGT1* 的表达量变化
(彩图请扫封底二维码)

A. PEG6000 胁迫下各基因的胁迫应答表达分析;NT-W、NT-N、NT-M、NT-G 分别代表 NT 株系的 *PsnWRKY70*、*PsnNAM*、*PsnMYB* 和 *PsnGT1*;O-W、O-N、O-M、O-G 分别代表 OEX1 株系的 *PsnWRKY70*、*PsnNAM*、*PsnMYB* 和 *PsnGT1*;R-W、R-N、R-M、R-G 分别代表 REX1 株系的 *PsnWRKY70*、*PsnNAM*、*PsnMYB* 和 *PsnGT1*;黑色柱代表 0h 表达量,红色柱代表 36h 表达量,每个柱都是 3 次生物学重复的均值,误差线根据标准差标注;B. 各基因 PEG6000 胁迫应答模式聚类分析

8.4.6 转 *PsnWRKY70* 小黑杨抗病性分析

8.4.6.1 叶枯病菌胁迫后各株系表型特征和苗高比较

叶枯病菌胁迫 15 天后,REX 株系最先表现出病害症状,OEX 株系则较晚出现病害且表现出较强的抗病性(图 8-52)。非胁迫条件下,REX 株系苗木普遍

高于 NT 和 OEX 株系；叶枯病菌侵染后，OEX 株系的生长速度最快（OEX3 株系的相对高生长达到 26.4%），NT（17.3%）和 REX 株系（其中 REX1 的相对高生长为 15.3%）的生长速度则较慢（表 8-7）。

图 8-52　叶枯病菌胁迫后各株系的表型（彩图请扫封底二维码）

NT-L、OEX2-L、REX1-L 分别代表叶枯病菌侵染后 NT、OEX2、REX1 的第 9～12 片功能叶

表 8-7　叶枯病菌胁迫前后各株系的高生长

株系	苗高/cm		绝对高生长/cm	相对高生长/%
	0 天	15 天		
NT	57.82±2.17b	67.81±2.13ab	9.99±0.40cd	17.3±1.1c
OEX1	51.91±1.68c	64.03±2.30c	12.12±0.85b	23.3±1.3b
OEX2	52.88±1.64c	66.44±2.94b	13.56±1.47a	25.6±2.2a
OEX3	53.37±2.32c	67.48±3.32ab	14.11±1.28a	26.4±1.9a
REX1	59.83±1.66a	69.01±1.64a	9.18±0.65d	15.4±1.2d
REX2	59.60±1.48a	68.83±1.92a	9.23±1.47d	15.5±2.6d
REX3	57.27±1.75b	67.63±2.03ab	10.36±1.03c	18.1±1.9c

8.4.6.2　叶枯病菌胁迫后各株系病害指数比较

在叶枯病菌胁迫 12 天后进行叶片病害指数调查,发现与非生物胁迫的情况相反,REX 株系的叶片病害指数显著高于 NT 和 OEX 株系,其中 REX1 的叶片病害指数(73.03%)最大,而 OEX3 的叶片病害指数(27.30%)最小(图 8-53)。

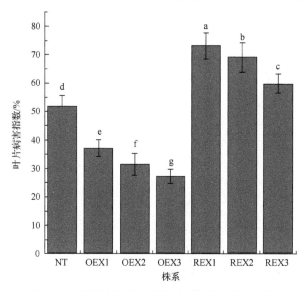

图 8-53　叶枯病菌胁迫后各株系的叶片病害指数

8.4.6.3　叶枯病菌胁迫后各株系丙二醛含量比较

测定叶枯病菌胁迫后第 0 天、第 3 天、第 6 天、第 9 天、第 12 天各株系叶片的丙二醛含量,发现在植株遭受叶枯病菌胁迫 6 天后,各株系的丙二醛含量均开始呈现上升趋势。叶枯病菌胁迫 9 天后,OEX 株系(尤其是 OEX3)叶片丙二醛含量上升趋势最为缓和,NT 次之,而 REX 株系(尤其 REX1)叶片丙二醛含量上升趋势最为剧烈(图 8-54),说明 OEX 株系比 NT 更抗病。

8.4.6.4　叶枯病菌胁迫后各株系相关基因的表达量变化模式

叶枯病菌胁迫 36h 后,*PsnWRKY70*、*PsnNAM*、*PsnMYB* 和 *PsnGT1* 在 NT 与 REX1 株系中的表达量均呈现显著上调趋势;而在 OEX1 中,4 个基因的表达量有一定下降(图 8-55-A)。聚类分析表明,在叶枯病菌胁迫条件下,*PsnWRKY70*、*PsnNAM*、*PsnMYB* 和 *PsnGT1* 在转基因及 NT 株系中的表达量变化模式呈正相关,说明 *Psn*WRKY70、*Psn*NAM、*Psn*MYB 和 *Psn*GT1 蛋白在叶枯病菌胁迫应答进程中可能也会调控 *PsnWRKY70* 的表达。其中,*PsnWRKY70* 的表达量在 NT 和 REX1 株系中均呈现显著上调趋势,而在 OEX1 株系中表达量稍有下降,鉴于 *PsnWRKY70*

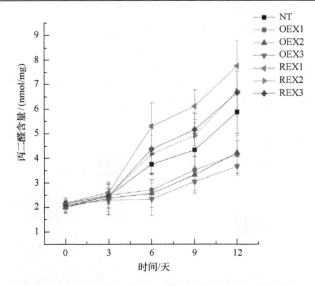

图 8-54　叶枯病菌胁迫后各株系叶片丙二醛含量的时序变化(彩图请扫封底二维码)

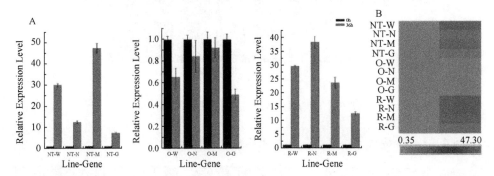

图 8-55　叶枯病菌胁迫前后各株系 *PsnWRKY70*、*PsnNAM*、*PsnMYB* 和 *PsnGT1* 的表达量变化
(彩图请扫封底二维码)

A. 叶枯病菌胁迫下各基因的胁迫应答表达分析；NT-W、NT-N、NT-M、NT-G 分别代表 NT 株系的 *PsnWRKY70*、
PsnNAM、*PsnMYB* 和 *PsnGT1*；O-W、O-N、O-M、O-G 分别代表 OEX1 株系的 *PsnWRKY70*、*PsnNAM*、*PsnMYB*
和 *PsnGT1*；R-W、R-N、R-M、R-G 分别代表 REX1 株系的 *PsnWRKY70*、*PsnNAM*、*PsnMYB* 和 *PsnGT1*；黑色柱
代表 0h 表达量，红柱代表 36h 表达量，每个柱都是 3 次生物学重复的均值，误差线根据标准差标注；B. 各基因
叶枯病菌胁迫应答模式聚类分析

　　在 OEX1 株系中的低表达背景，推测 *PsnWRKY70* 可能通过提高自身表达量来响
应叶枯病菌胁迫(图 8-55-B)。

8.4.7　NaCl 胁迫下转 *PsnWRKY70* 小黑杨转录组分析

　　利用 Illumina HiSeq-4000 进行转录组测序，经过原始数据筛选，最终获得
141.4M 的 Clean Reads(每个文库 20.2～30.0M，$Q30 \geqslant 94.45\%$)，在每个文库中，
有 12.5～18.1M 的 Clean Reads 能够比对到毛果杨参照基因组上(图 8-56、表 8-8)。

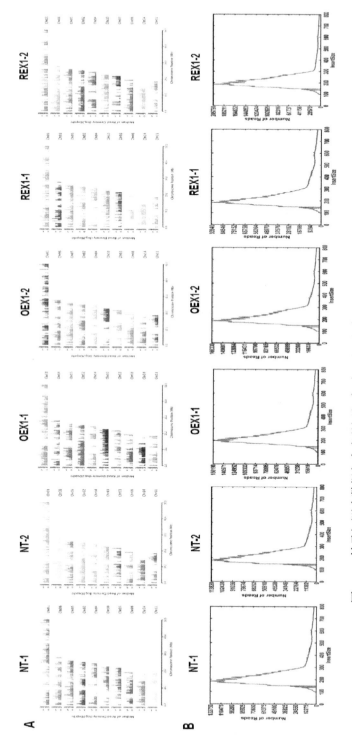

图8-56　转录组测序数据与参考基因组序列比对及文库质量评估结果（彩图请扫封底二维码）

A. 转录组数据与参考基因组比对；B. 文库插入片段长度分布

表 8-8　NT、OEX1 和 REX1 的转录组测序质量

株系	Clean Reads 数目	Mapped Clean Reads 数目	$Q30/\%$
NT-1	23 018 818	13 738 316	94.45
NT-2	22 208 248	13 096 887	94.62
OEX1-1	30 041 554	18 068 846	94.95
OEX1-2	25 423 414	15 212 060	94.63
REX1-1	20 471 754	12 467 750	94.76
REX1-2	20 281 390	12 609 551	95.03

注：Mapped Clean Reads，能比对到毛果杨参照基因组上的 Clean Reads；$Q30$，Quality-Score 不小于 30（碱基识别错误率不大于 0.1%）的碱基百分数

与 NT 相比，OEX1 中有 517 个（338 个上调，179 个下调）差异基因，REX1 中有 70 个（27 个上调，43 个下调）差异基因（图 8-57）。另外值得注意的是，在众多的差异基因中，MAPK cascade 成员富集明显。

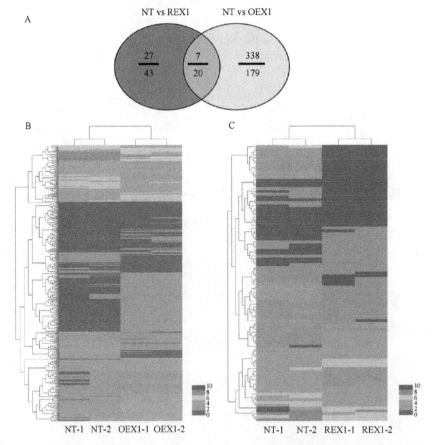

图 8-57　NT 与 OEX1 和 REX1 中差异表达基因的韦恩图和聚类热图（彩图请扫封底二维码）

A. 差异基因的韦恩图，每个圆中横线上、下方的数字分别代表上调和下调的基因数；B. NT 与 OEX1 差异基因的聚类热图；C. NT 与 REX1 差异基因的聚类热图

　　根据 GO 分类及 GO 富集的结果可知，来自 NT 与 OEX1 的差异基因大多与莽草酸酯生物合成、分支酸合成、细胞程序性死亡的负向调控、植物抗病反应及水杨酸生物合成有关；而来自 NT 与 REX1 的差异基因大多参与植物细胞缺水应答、尿素跨膜运输、脱落酸应答、钙离子运输、过氧化氢跨膜运输(图 8-58)。

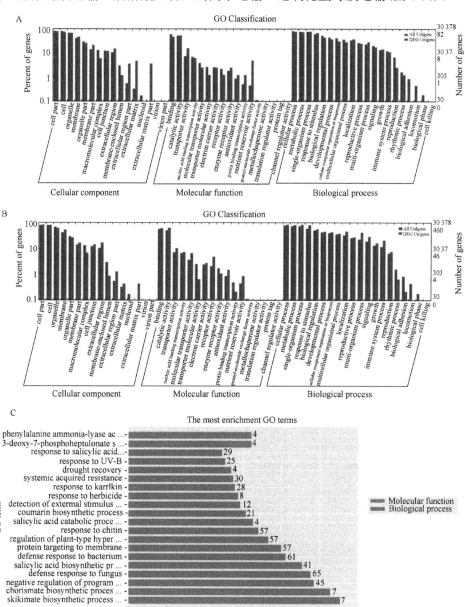

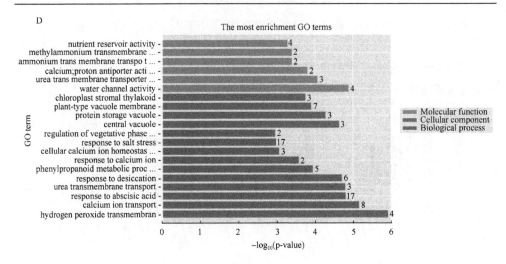

图 8-58　差异基因的 GO 分类和 GO 富集(彩图请扫封底二维码)

A. NT 与 OEX1 差异基因的 GO 分类; B. NT 与 REX1 差异基因的 GO 分类; C. NT 与 OEX1 差异基因的 GO 富集;
D. NT 与 REX1 差异基因的 GO 富集

KEGG 富集结果表明，来自 NT 与 OEX1 的差异基因主要与苯丙氨酸代谢、过氧化物酶体、植物-病原菌互作、芳香族氨基酸(苯丙氨酸、色氨酸和酪氨酸)合成、次生代谢产物(苯丙素等)合成等途径相关。来自 NT 与 REX1 的差异基因主要参与嘧啶和乙醚酯代谢，泛醌和萜类化合物生物合成，以及芳香族氨基酸、角质和蜡质生物合成等途径(图 8-59)。

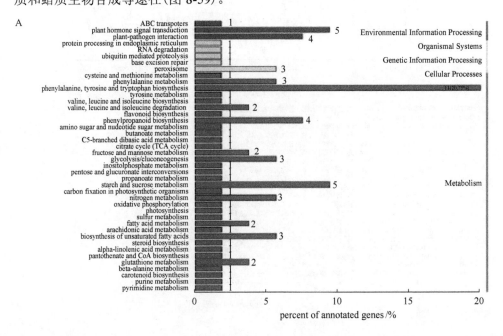

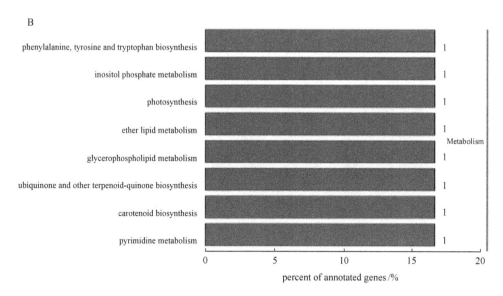

图 8-59　差异基因的 KEGG 富集（彩图请扫封底二维码）

A. NT 与 OEX1 差异基因的 KEGG 富集；B. NT 与 REX1 差异基因的 KEGG 富集

根据以上结果，我们发现 NaCl 胁迫后，NT 与 OEX1 的上调差异基因中集中出现了 6 个植物抗病胁迫应答基因（表 8-9）。针对这一现象，我们推测这些 OEX1 中的植物抗病相关基因的表达量在 NaCl 胁迫下之所以显著上调，可能是由于它们的表达只是单纯地受到了 *PsnWRKY70* 在 OEX1 中超表达的影响，即这些基因可能是 *Psn*WRKY70 转录因子的下游靶基因。为了验证这一猜想，我们设计了这些差异基因的特异定量引物进行 qRT-PCR，发现在非胁迫条件下，6 个与抗病胁迫相关的基因在 OEX（OEX1～OEX3）中的表达量均明显高于其在 NT 中的表达量（图 8-60）。另外，启动子序列分析表明，除 Potri.003G150200 外，这些基因的启动子区均富含 W-box（表 8-9）。

表 8-9　*Psn*WRKY70 转录因子的预测靶基因

基因 ID	FDR	log$_2$FC	变化趋势	W-box 数目
Potri.013G153400	5.92×10^{-5}	1.03	上调	13
Potri.009G082900	6.82×10^{-6}	1.46	上调	11
Potri.004G089400	4.41×10^{-4}	1.79	上调	9
Potri.017G126200	3.76×10^{-8}	2.12	上调	9
Potri.002G216800	1.06×10^{-3}	2.51	上调	15
Potri.003G150200	2.71×10^{-3}	3.69	上调	1

注：FDR，错误发现率；FC，基因变化倍数

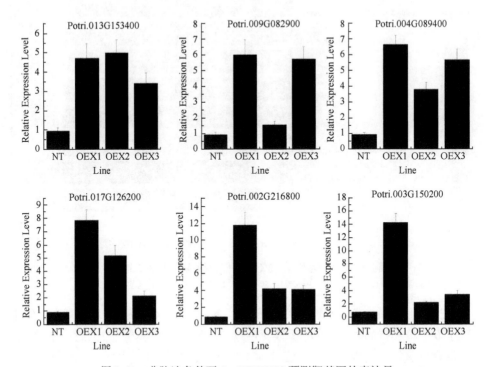

图 8-60　非胁迫条件下 *Psn*WRKY70 预测靶基因的表达量

　　本实验克隆了 *PsnWRKY70* 并对其进行了生物信息学分析和预测,结果表明: *PsnWRKY70* 的可读框全长为 966bp,编码 321 个氨基酸,*Psn*WRKY70 蛋白具有一个 WRKY 保守结构域,锌指结构基序类型为 C-X$_7$-C-X$_{23}$-HXC,属于杨树 WRKY 转录因子超家族的 Group Ⅲ亚家族。根据进化分析可知,*Psn*WRKY70 蛋白与胡杨(*Populus euphratica*)WRKY70、蓖麻(*Ricinus communis*)WRKY70 转录因子的亲缘关系较近。多序列比对表明,*Psn*WRKY70 与拟南芥 *At*WRKY54/70 转录因子的序列具有高度相似性。大量研究表明,*At*WRKY54/70 参与调控拟南芥叶片衰老、抗病应答及非生物胁迫应答等进程(Li,2004;Eulgem,2006;Li et al.,2006,2013),这预示着 *Psn*WRKY70 可能在小黑杨的生物与非生物胁迫应答进程中发挥重要作用。

　　高盐、干旱和病菌胁迫都是自然界中常见的逆境因子,经常影响植物的生长发育。其中,盐害和旱害主要影响植物细胞的离子和渗透压平衡、解毒作用及生长调节进程(Zhu,2002;Mahajan et al.,2008)。而杨树叶枯病菌是一种机会型病原真菌,它们能在接种后 12h 迅速侵入宿主体内,引起宿主植物叶片腐烂、枯萎或病斑生成(Timmer et al.,2003)。qRT-PCR 实验已证明 *PsnWRKY70*

会受到叶枯病菌的诱导而显著上调表达，受到高盐和干旱胁迫而显著下调表达
(Zhao et al., 2015)，在实验中，针对转 *PsnWRKY70* 和非转基因小黑杨的抗逆性
研究表明，超表达株系表现出了较强的抗病性，而干扰表达株系则更加耐盐和
抗旱。这暗示 *Psn*WRKY70 转录因子可能在植物的胁迫应答信号转导网络中扮
演着相反的角色。

在高盐和干旱胁迫下，*PsnWRKY70* 在 NT 和 OEX1 中的表达量显著下调，
而在 REX1 中的表达量基本不变或稍有下调。鉴于 *PsnWRKY70* 在 REX1 中固有
的超低本底表达及 REX1 表现出的耐盐、耐旱性状，我们推测 *PsnWRKY70* 可
能通过低表达自身来应答高盐和干旱胁迫，从而使植株获得耐盐和耐旱性，即
*Psn*WRKY70 转录因子可能在高盐、干旱胁迫应答进程中起负向调控作用。与
之相反，在叶枯病菌胁迫下，*PsnWRKY70* 在 NT 和 REX1 中的表达量明显上调，
而在 OEX1 中的表达量稍有下降。由于 *PsnWRKY70* 在 OEX1 中过量表达，而
且 OEX1 表现出较强的抗叶枯病菌性状，因此我们推测 *PsnWRKY70* 可能通过
保持高表达水平来应答叶枯病菌胁迫，从而使植株获得抗病性，即 *Psn*WRKY70
转录因子可能在小黑杨的叶枯病菌胁迫应答进程中扮演正向调控因子的角色。
之前也有人报道过与本研究类似的结果：Yokotani 等 (2013) 研究了水稻
*Os*WRKY76 蛋白/*OsWRKY76* 基因的功能后指出，超表达 *OsWRKY76* 的植株表
现出稻瘟病菌 (*Magnaporthe oryzae*) 的易感病性及更强的耐寒性，即该转录因
子在稻瘟病菌 (生物) 和低温 (非生物) 胁迫应答中起到相反的调控作用。此外，
还有人报道 *Os*WRKY13 在水稻的生物和非生物胁迫应答信号转导网络中起到
相反的调控作用 (Qiu et al., 2008a, 2009; Sharma et al., 2013)。总而言之，
以上结果均体现了 WRKY 家族成员的作用机制特点：同一个 WRKY 蛋白可能
同时具有转录激活和转录抑制作用，且能平行地参与调控若干个看似不相关的
生物进程 (Rushton et al., 2010)。除 *PsnWRKY70* 以外，本研究还分析了转基因
和非转基因株系中 *PsnNAM*、*PsnMYB* 与 *PsnGT1* 在高盐、干旱及叶枯病菌胁
迫条件下的表达量变化模式，结果表明，在高盐和干旱胁迫下，*PsnNAM*、
PsnMYB 和 *PsnGT1* 的表达量变化模式与 *PsnWRKY70* 一致，均为下调；在叶枯
病菌胁迫下，三者的表达量变化也与 *PsnWRKY70* 一致，均为显著上调。而之
前的酵母单杂交实验已证明 *Psn*NAM、*Psn*MYB 和 *Psn*GT1 均为 *PsnWRKY70*
的上游调控因子，因此我们推测，为了应答高盐和干旱胁迫，*Psn*NAM、*Psn*MYB
和 *Psn*GT1 转录因子可能通过结合 *PsnWRKY70* 的启动子而抑制该基因的表达；
而为了应答叶枯病菌胁迫，三者则可能通过结合 *PsnWRKY70* 的启动子来诱导
该基因的高表达。

　　转录组分析结果表明，不论从数量还是类型来看，NT 与 OEX1 和 NT 与 REX1 的差异基因均表现出较大的差异，这暗示着 REX1 和 OEX1 可能通过不同的信号转导作用机制来应答高盐胁迫。NT 与 REX1 之间的差异基因主要和盐胁迫应答生物进程相关，如干旱应答(Li et al.，2015，2016)、尿素跨膜运输(del Martínez-Ballesta et al.，2006；Kumari et al.，2015)、脱落酸应答(Busk and Pages，1998；Tuteja，2007；Chen and Polle，2010)、钙离子运输(Song et al.，2008；Dubrovina et al.，2013)、过氧化氢跨膜运输(Bose et al.，2014；Pottosin et al.，2014；Hossain and Dietz，2016)等；而 OEX1 与 NT 之间的差异基因主要和芳香族氨基酸合成(Tzin and Galili，2010；Maeda and Dudareva，2012)、植物次生代谢(Chapple et al.，1992；Whetten and Sederof，1995；Gachon et al.，2005；Park et al.，2015；Sadeghnezhad et al.，2016)、细胞程序性死亡(Lim et al.，2007；Gunawardena，2008)、过氧化物酶体(Rottensteiner and Theodoulou，2006；Steinberg et al.，2006)及植物抗病应答(Dangl and Jones，2001；Asai et al.，2002；Jones and Dangl，2006)等进程相关。除与正常的盐胁迫应答进程相关以外，OEX1 中还出现了 6 个显著上调的植物抗病相关差异基因。qRT-PCR 及启动子序列分析结果表明，在非胁迫条件下，这 6 个基因在 OEX 中的表达量高于其在 NT 中的表达量，且它们的启动子区大多含有大量的能被 WRKY 转录因子特异性识别并结合的 W-box 元件，说明这 6 个基因的上调表达受到了 *PsnWRKY70* 超表达的影响，它们有可能是 *Psn*WRKY70 转录因子的下游靶基因，但该推测还需要进一步的酵母单/双杂交或者 ChIP 实验进行验证。另外，*PsnWRKY70* 超表达株系所表现出的较强的抗病性状也暗示着抗病应答相关基因与 *PsnWRKY70* 之间存在微妙的关联。先前的研究表明，WRKY 转录因子通过与 MAPK cascade 成员互作而参与调控拟南芥、水稻和大麦的病菌胁迫、机械损伤或食草动物侵袭及衰老等生物进程(Asai et al.，2002；Andreasson et al.，2005；Miao et al.，2007；Qiu et al.，2008b；Skibbe et al.，2008；Adachi et al.，2015,2016)。本研究的转录组测序结果也表明，在遭受盐胁迫后 OEX1 和 REX1 中的很多 MAPK cascade 基因的表达量发生了显著变化，说明这些蛋白有可能通过与一些小黑杨胁迫应答 WRKY 转录因子(包括 *Psn*WRKY70)互作而响应盐胁迫。

　　综上所述，本研究以 *PsnWRKY70* 基因/*Psn*WRKY70 转录因子为研究对象，通过一系列的分子生物学实验探究了该转录因子在小黑杨的高盐、干旱及叶枯病菌胁迫应答进程中的作用，揭示了其参与调控胁迫应答信号转导网络的简单作用通路(图 8-61)，为小黑杨胁迫应答信号转导网络的完善提供了有价值的线索。

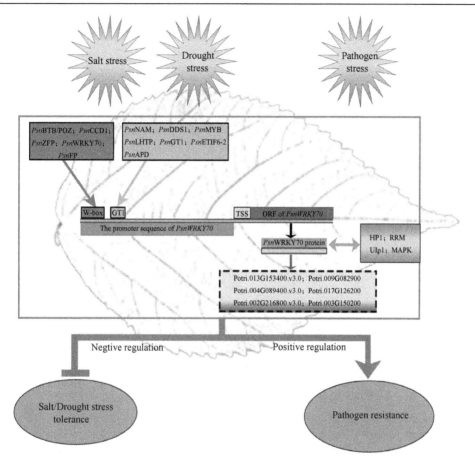

图 8-61　*Psn*WRKY70 转录因子参与高盐、干旱以及叶枯病菌胁迫应答的信号转导途径
（彩图请扫封底二维码）

上游调控因子（*Psn*BTB/POZ、*Psn*CCD1、*Psn*ZFP、*Psn*WRKY70、*Psn*FP；*Psn*NAM、*Psn*DDS1、*Psn*MYB、*Psn*LHTP、
*Psn*GT1、*Psn*ETIF6-2、*Psn*APD）通过特异性地结合 W-box 或 GT1 元件而调控 *PsnWRKY70* 的表达；红色字体代表
在植物细胞环境下能够结合 W-box 或 GT1 的蛋白（即 *Psn*WRKY70、*Psn*NAM、*Psn*MYB 和 *Psn*GT1）；HP1、RRM、
Ulp1 及一些 MAPK cascade 成员与 *Psn*WRKY70 互作，共同参与调控盐胁迫应答信号转导网络；*Psn*WRKY70 转
录因子的预测靶基因列在虚线方框内

参 考 文 献

白爽, 宋启平, 刘桂丰, 等. 2006. 转 *betA* 基因的小黑杨花粉植株耐盐性分析. 分子植物育种, 4(1): 41-44.

毕静华, 高月, 刘永立. 等. 2006. 阔叶猕猴桃抗生素敏感性及遗传转化的研究. 核农学报, 20(4): 287-291.

常玉广, 刘桂丰, 姜静, 等. 2004. 小黑杨抗虫基因的遗传转化. 东北林业大学学报, 32(6): 30-31.

陈华友, 张春霞, 马晓珂, 等. 2008. 极端嗜热古菌的热休克蛋白. 生物工程学报, 24(12): 2011-2021.

陈颖, 韩一凡, 李玲, 等. 1995. 苏云金杆菌杀虫晶体蛋白基因转化美洲黑杨的研究. 林业科学, 31(2): 97-103.

成细华, 刘凡, 姚磊, 等. 2000. 白菜类作物转基因技术研究进展. 首都师范大学学报(自然科学版), 21(2): 64-71.

程贵兰. 2004. 小黑杨(*Populus simonii* × *P. nigra*)花粉植株转耐盐基因(*betA*)的研究. 哈尔滨: 东北林业大学硕士学位论文.

储昭庆, 李李, 宋丽, 等. 2006. 油菜素内酯生物合成与功能的研究进展. 植物学通报, 23(5): 543-555.

丁昌俊, 黄秦军, 张冰玉, 等. 2016. 北方型美洲黑杨不同无性系重要性状评价. 林业科学研究, 29(3): 331-339.

董喜才, 杜建中, 王安乐, 等. 2011. 乙酰丁香酮在植物转基因研究中的作用. 中国农学通报, 27(5): 292-299.

董玉峰, 姜岳忠, 张明哲, 等. 2014. 不同杨树品种的分枝及与生长和干形的关联. 中南林业科技大学学报, 34(2): 34-38.

高彩球, 李艳霞, 刘桂丰, 等. 2007. 翻译起始因子(*eIF1A*)基因的获得及抗旱性分析. 东北林业大学学报, 35(8): 1-9.

龚伟, 王伯初. 2011. 钙离子在植物抵抗非生物胁迫中的作用. 生命的化学, 31(1): 107-111.

郭北海, 张艳敏, 李洪杰, 等. 2000. 甜菜碱醛脱氢酶(*BADH*)基因转化小麦及其表达. 植物学报, 42(3): 279-283.

郝贵霞, 朱祯, 朱之悌, 等. 2000. 杨树基因工程进展. 生物工程进展, 20(4): 6-9.

郝贵霞, 朱祯, 朱之悌. 1999. 豇豆胰蛋白酶抑制基因转化毛白杨的研究. 植物学报, 41(12): 1276-1282.

何苗, 武雪, 王喆之. 2009. 丹参 *BTF3* 基因的克隆及生物信息学分析. 武汉植物学研究, 27(6): 582-588.

何培民, 张大兵, 梁婉琪, 等. 2001. 细菌乙酰胆碱氧化酶基因(*codA*)在烟草的表达与抗盐能力的分析. 生物化学与生物物理学报, 33(5): 519-524.

何锶洁, 董伟, 李慧芬, 等. 1999. 转甜菜碱醛脱氢酶基因玉米及其耐盐性研究. 高技术通讯, (2): 50-52.

侯彩霞, 汤章城. 1999. 细胞相容性物质的生理功能及其作用机制. 植物生理学通讯, 35(1): 1-7.

胡建军, 刘庆一, 王克胜, 等. 1999. 欧洲黑杨转 *Bt* 毒蛋白基因植株大田抗虫性测定. 林业科学研究, 12(2): 202-205.

黄昌勇, 徐建明. 2010. 土壤学. 3 版. 北京: 中国农业出版社.

黄海娇, 胡雪婷, 李慧玉, 等. 2009. 盐胁迫下 8 个转基因小黑杨株系的抗逆性比较. 森林工程, 25(4): 14-18.

黄健秋, 卫志明, 安海龙, 等. 2000. 农杆菌转化获得转 *B.t.* 基因水稻及其生物学鉴定. 植物生理学报, 26(6): 519-524.

江香梅, 黄敏仁, 王明麻. 2002. 植物甜菜碱合成途径及基因工程研究进展. 中国生物工程杂志, 22(4): 49-56.

姜国斌, 丁丽娜, 金华, 等. 2007. 盐胁迫对杨树幼苗叶片光合特性及叶绿素荧光参数的影响. 辽宁林业科技, (1): 20-23.

姜静, 常玉广, 董京祥, 等. 2006. 小黑杨转双价抗虫基因的研究. 植物生理学通讯, 40(6): 669-672.

姜静, 王雷, 詹立平, 等. 2008. 小黑杨花药培养植株转化胆碱氧化酶基因提高耐盐性. 植物学通报, 25(1): 80-84.

姜岳忠, 李善文, 秦光华, 等. 2006. 黑杨派无性系区域化试验初报. 林业科学, 42(12): 143-147.

蒋盛军, 刘庆昌, 翟红, 等. 2004. 水稻巯基蛋白酶抑制剂基因(OCI)转化甘薯获得转基因植株. 农业生物技术学报, 12(1): 34-37.

金宏滨, 刘东辉, 左开井, 等. 2007. 植物 ABC 转运蛋白与次生代谢产物的跨膜转运. 中国农业科技导报, 9(3): 32-37.

李玲, 齐力旺, 韩一凡, 等. 2000. TA29-Barnase 基因导致抗虫转基因欧洲黑杨雄性不育的研究. 林业科学, 36(1): 28-32.

李善文, 乔玉玲, 姜岳忠, 等. 2006. 黑杨派株系多性状相关分析. 山东林业科技, (2): 11-13.

李伟, 韩蕾, 钱永强, 等. 2011. 植物 NAC 转录因子的种类、特征及功能. 应用与环境生物学报, 17(4): 596-606.

李学宝, 郑世学, 董五辈, 等. 1999. 甘蓝型油菜抗虫转基因植株及其抗性分析. 遗传学报, 26(3): 262-268.

李艳艳, 丰震, 赵兰勇. 2008. 用 AMMI 模型分析玫瑰品种产花量的稳定性. 中国农业科学, 41(6): 1761-1766.

李银心, 常凤启, 杜立群. 2000. 转甜菜碱脱氢酶基因豆瓣菜的耐盐性. 植物学报, 42(5): 480-484.

李志新, 赵曦阳, 杨成君, 等. 2013. 转 TaLEA 基因小黑杨株系变异及生长稳定性分析. 北京林业大学学报, 35(2): 57-62.

梁峥, 骆爱玲, 赵原, 等. 1996. 干旱和盐胁迫诱导甜菜叶中的甜菜碱醛脱氢酶的积累. 植物生理学报, 22(2): 161-164.

梁峥, 马德钦, 汤岚, 等. 1997. 菠菜甜菜碱醛脱氢酶基因在烟草中的表达. 生物工程学报, 13(3): 236-240.

林士杰, 李俊涛, 姜静, 等. 2006. 转柽柳晚期胚胎富集蛋白基因烟草的耐低温性分析. 生物技术通讯, 17(4): 563-566.

刘凤华, 郭岩, 谷冬梅, 等. 1997. 转甜菜碱醛脱氢酶基因植物的耐盐性研究. 遗传学报, 24(1): 54-58.

刘关君, 田旭, 刘昌财, 等. 2008. 西伯利亚蓼非特异性脂质转移蛋白编码序列的克隆及其盐胁迫下的表达. 中国生物化学与分子生物学报, 24(12): 1140-1145.

刘桂丰, 程贵兰, 姜静, 等. 2006a. 以胆碱脱氢酶基因对小黑杨花粉植株的遗传转化. 植物生理与分子生物学学报, 32(2): 163-168.

刘桂丰, 杨传平, 蔡智军, 等. 2006b. 转 betA 基因小黑杨的耐盐性分析及优良转基因株系的选择. 林业科学, 42(7): 33-36.

刘桂丰, 杨传平, 刘春华. 2002. 小黑杨花粉植株的诱导. 植物生理学通讯, 38(6): 591.

刘宏波, 郭翔, 崔鹏, 等. 2011. 甘蓝型油菜抗病虫双价基因转化体系的建立. 核农学报, 25(1): 26-31.

刘建新, 王鑫, 王瑞娟, 等. 2009. NaHCO₃胁迫下硝酸镧对黑麦草幼苗光合机构的保护作用. 应用生态学报, 21(11): 2836-2842.

刘丽娜, 刘祥林, 陈志玲. 2006. 细胞周期调控的一个重要元素——CDC48. 生物技术通报, (5): 26-29.

刘玲, 刘福妹, 陈肃, 等. 2013. 转 TaLEA 小黑杨矮化突变体的鉴定及侧翼序列分析. 北京林业大学学报, 35(1): 45-52.

刘梦然, 边秀艳, 麻文俊, 等. 2014. 转 TaLEA 基因小黑杨无性系苗期生长性状 Logistic 模型构建. 植物研究, 34(4): 485-491.

刘欣, 李云. 2006. 转录因子与植物抗逆性研究进展. 中国农学通报, 22(4): 61-65.

卢孟柱, 胡建军. 2006. 我国转基因杨树的研究及应用现状. 林业科技开发, 20(6): 1-4.

穆怀志, 李志新, 李玉珠, 等. 2009. 轻度盐碱地转 betA 基因小黑杨的生长表现. 东北林业大学学报, 37(11): 24-25, 28.

钮旭光, 陈其军, 王学臣. 2006. 植物体内肌醇磷脂代谢与渗透胁迫信号转导. 中国农学通报, 22(2): 199-202.

皮冬梅, 刘悦萍. 2011. 植物生长素受体蛋白研究现状. 生物技术通报, (6): 7-11.

秦玲, 李明, 王永熙, 等. 2002. 根癌农杆菌介导苹果遗传转化研究进展. 西北农林科技大学学报(自然科学版), 30(4): 135-140.

饶国栋, 张建国. 2013. 植物微管蛋白基因研究进展. 世界林业研究, 26(3): 17-20.

邵若玄, 沈忆珂, 周文彬, 等. 2013. 植物 ATP 结合盒(ABC)转运蛋白研究进展. 浙江农林大学学报, 30(5): 761-768.

邵淑红, 潘芳. 2004. 葡萄糖调节蛋白的生物学特性及其在应激免疫应答中的作用. 中国行为医学科学, 13(6): 711-712.

师晨娟, 刘勇, 荆涛. 2006. 植物激素抗逆性研究进展. 世界林业研究, 19(5): 21-26.

舒卫国, 陈受宜. 2000. 植物在渗透胁迫下的基因表达及信号传递. 中国生物工程杂志, 20(3): 3-7.

孙洁, 黄团, 李加纳, 等. 2007. 农杆菌培养方式和预培养基激素配比对甘蓝型油菜下胚轴转化效应分析. 西南大学学报(自然科学版), 29(12): 49-53.

孙清荣, 孙洪雁, 郑红军. 1998. 乙烯抑制剂 $AgNO_3$ 对梨叶片再生不定梢的促进作用. 落叶果树, (4): 1-2.

孙仲序, 杨红花, 崔得才, 等. 2002. 转基因杨树的抗盐性分析. 生物工程学报, 18(4): 481-485.

田颖川, 李太元, 莽克强, 等. 1993. 抗虫转基因欧洲黑杨的培育. 生物工程学报, 9(4): 291-297.

涂忠虞, 黄敏仁. 1991. 阔叶树遗传改良. 北京: 科技文献出版社.

王芳, 万书波, 孟庆伟, 等. 2012. Ca^{2+} 在植物盐胁迫响应机制中的调控作用. 生命科学研究, 16(4): 362-367.

王关林, 方宏筠. 2002. 植物基因工程. 2 版. 北京: 科学出版社.

王关林, 刘彦泓, 郭绍华, 等. 2004. 雪花莲凝集素基因转化菊花及转基因植株的抗蚜性研究. 遗传学报, 31(12): 1434-1438.

王海波. 2010. 紫花苜蓿肽基脯氨酰顺反异构酶基因全长 cDNA 的电子克隆及同源建模. 安徽农业科学, 38(8): 3925-3927.

王红梅, 张献龙, 蔡忠民, 等. 2003. 植物转基因沉默机制及消除对策. 棉花学报, 15(4): 248-251.

王军辉, 顾万春, 李斌, 等. 2000. 桤木优良种源/家系的选择研究: 生长的适应性和遗传稳定性分析. 林业科学, 36(3): 59-66.

王丽, 张俊莲, 王蒂, 等. 2006. 抗生素对根癌农杆菌的抑菌效果及对烟草叶片分化的影响. 中国烟草学报, 12(1): 32-37.

王淑芳, 王峻岭, 赵彦修, 等. 2001. 胆碱脱氢酶基因的转化及转基因番茄耐盐性的鉴定. 植物生理学报, 27(3): 248-252.

王遂, 刘梦然, 黄海娇, 等. 2011. 转 TaLEA 基因小黑杨抗寒株系的筛选. 东北林业大学学报, 39(9): 5-7, 16.

王新桐, 孙佳芝, 高丽丽, 等. 2014. 转基因棉花中新霉素磷酸转移酶(NPTⅡ)双抗体夹心 ELISA 定量检测方法的建立. 农业生物技术学报, 22(3): 372-379.

王学聘, 韩一凡, 戴韵莲, 等. 1997. 抗虫基因欧美杨的培育. 林业科学, 33(1): 69-74.

王瑶, 林木兰, 沈锡辉, 等. 1999. 农杆菌介导的木本植物遗传转化. 生物技术通报, (6): 23-27.

王永忠, 高宝嘉, 郑均宝, 等. 2001. 杨树抗虫基因工程研究进展. 河北林果研究, 16(1): 83-90.

王勇, 陈爱玉, 夏志松, 等. 1996. 抗生素对桑树外植体生长和分化的影响. 蚕业科学, 22(2): 72-76.

王志强, 周智敏, 郭占云. 2009. 蛋白质二硫键异构酶家族的结构与功能. 生命科学研究, 13(6): 548-553.

魏蕾, 曹帮华, 魏洁, 等. 2009. 两个杨树株系生长进程动态分析. 西南林学院学报, 29(2): 20-22.

魏丕伟, 施季森. 2009. 杂交鹅掌楸多聚泛素基因家族 LhUBIs 的分离和同源克隆. 林业科技开发, 23(4): 30-33.

吴松峰, 朱云平, 贺福初. 2005. 转录组与蛋白质组比较研究进展. 生物化学与生物物理进展, 32(2): 99-105.

许卉, 赵丽萍. 2007. 盐胁迫对金银花生理生化的影响. 湖北林业科技, (1): 9-12.

许瑞瑞, 张世忠, 宿红艳, 等. 2013. 苹果锚蛋白基因 ANK 家族生物信息学鉴定分析. 园艺学报, 40(6): 1021-1032.

续九如. 2006. 林木数量遗传学. 北京: 高等教育出版社.

薛鑫, 张芊, 吴金霞. 2013. 植物体内活性氧的研究及其在植物抗逆方面的应用. 生物技术通报, (10): 6-11.

杨楠, 张静, 王磊, 等. 2017. 肌醇及其代谢关键酶基因与植物逆境响应机制的研究进展. 鲁东大学学报(自然科学版), 33(4): 321-325.

杨学文, 彭镇华. 2010. 一个毛竹细胞色素 P450 基因的克隆与表达研究. 安徽农业大学学报, 37(1): 116-121.

于政中. 1991. 森林经理学. 2 版. 北京: 中国林业出版社.

詹立平, 姜静, 赵鑫, 等. 2004. 农杆菌抑菌剂的抑菌效果及其对小黑杨叶片不定芽产生率的影响. 植物生理学通讯, 40(6): 689-692.

张和臣, 尹伟伦, 夏新莉. 2007. 非生物逆境胁迫下植物钙信号转导的分子机制. 植物学通报, 24(1): 114-122.

张姗姗, 陶勇生, 郑用琏, 等. 2006. 玉米 DEAD-box RNA 解旋酶基因的克隆及分析. 中国生物化学与分子生物学报, 22(8): 640-646.

张松, 温孚江, 朱常香, 等. 2000. 抗生素对大白菜组织培养形态发生的影响. 山东农业大学学报(自然科学版), 31(4): 385-386.

张艳, 杨传平. 2006. 金属硫蛋白的研究进展. 分子植物育种, 4(S1): 73-78.

张振才, 梁燕, 李翠. 2014. 植物 MAPK 级联途径及其功能研究进展. 西北农林科技大学学报(自然科学版), 42(4): 207-214.

张智奇, 周音, 钟维瑾, 等. 1999. 慈姑蛋白酶抑制剂基因转化小白菜获抗虫转基因植株. 上海农业学报, 15(4): 4-9.

赵慧, 王遂, 姜静, 等. 2016. 酵母双杂交筛选与小黑杨 PsnWRKY70 相互作用的蛋白质. 北京林业大学学报, 38(2): 44-51.

赵世民, 祖国诚, 刘根齐, 等. 1999. 通过农杆菌介导法将兔防御素 NP-1 基因导入毛白杨(P. tomentosa). 遗传学报, 26(6): 711-714.

赵曦阳, 马开峰, 沈应柏, 等. 2012. 白杨派杂种株系植株早期性状变异与选择研究. 北京林业大学学报, 34(2): 45-51.

赵曦阳, 张志毅. 2013. 毛白杨种内杂交无性系苗期生长模型构建. 北京林业大学学报, 35(5): 15-21.

郑均宝, 梁海永, 高宝嘉, 等. 2000. 转双抗虫基因 741 毛白杨的选择及抗虫性. 林业科学, 36(2): 14-20.

钟名其, 楼程富, 谈建中, 等. 2002. 硝酸银对桑树遗传转化的作用(简报). 热带亚热带植物学报, 10(1): 74-76.

周冀明, 卫志明, 许智宏, 等. 1997. 根癌农杆菌介导转化诸葛菜获得转基因植株. 植物生理学报, 23(1): 21-28.

周卫红, 杨文, Stephen G, 等. 2009. 细胞色素 P450 153C1 蛋白的表达、纯化及初步晶体学研究. 生物物理学报, (S1): 378-379.

祝泽兵, 刘桂丰, 姜静, 等. 2009. 小兴安岭地区白桦纸浆材优良家系选择. 东北林业大学学报, 37(11): 1-3, 10.

左豫虎, 康振生, 杨传平, 等. 2009. β-1,3-葡聚糖酶和几丁质酶活性与大豆对疫霉根腐病抗性的关系. 植物病理学报, 39(6): 600-607.

Adachi H, Ishihama N, Nakano T, et al. 2016. Nicotiana benthamiana MAPK-WRKY pathway confers resistance to a necrotrophic pathogen Botrytis cinerea. Plant Signaling & Behavior, 11(6): e1183085.

Adachi H, Nakano T, Miyagawa N, et al. 2015. WRKY transcription factors phosphorylated by MAPK regulate a plant immune NADPH oxidase in Nicotiana benthamiana. Plant Cell, 27(9): 2645-2663.

Albert A, Lavoie S, Vincent M. 1999. A hyperphosphorylated form of RNA polymerase II is the major interphase antigen of the phosphoprote in antibody MPM-2 and interacts with the peptidyl-prolyl isomerase Pin1. Journal of Cell Science, 112(15): 2493-2500.

Andreasson E, Jenkins T, Brodersen P, et al. 2005. The MAP kinase substrate MKS1 is a regulator of plant defense responses. EMBO Journal, 24(14): 2579-2589.

Asai T, Tena G, Plotnikova J, et al. 2002. MAP kinase signalling cascade in *Arabidopsis* innate immunity. Nature, 415(6875): 977-983.

Ban Q Y, Wang Y C, Yang C P, et al. 2008. *LEA* genes and drought tolerance. Perspectives in Agriculture, Veterinary Science, Nutrition and Natural Resources, 3: 12-17.

Battaglia M, Olvera C Y, Garciarrubio A, et al. 2008. The enigmatic LEA proteins and other hydrophilins. Plant Physiology, 148(1): 6-24.

Besseau S, Li J, Palva E T. 2012. WRKY54 and WRKY70 co-operate as negative regulators of leaf senescence in *Arabidopsis thaliana*. Journal of Experimental Botany, 63(7): 2667-2679.

Blasi F, Ciarrocchi A, Luddi A, et al. 2002. Stage-specific gene expression in early differentiating oligodendrocytes. Glia, 39(2): 114-123.

Bose J, Rodrigo-Moreno A, Shabala S. 2014. ROS homeostasis in halophytes in the context of salinity stress tolerance. Journal of Experimental Botany, 65(5): 1241-1257.

Buchan J R, Kolaitis R M, Taylor J P, et al. 2013. Eukaryotic stress granules are cleared by autophagy and Cdc48/VCP function. Cell, 153(7): 1461-1474.

Busk P K, Pages M. 1998. Regulation of abscisic acid-induced transcription. Plant Molecular Biology, 37(3): 425-435.

Butler N M, Hannapel D J. 2012. Promoter activity of polypyrimidine tract-binding protein genes of potato responds to environmental cues. Planta, 236(6): 1747-1755.

Campos F, Zamudio F, Covarrubias A A. 2006. Two different late embryogenesis abundant proteins from *Arabidopsis thaliana* contain specific domains that inhibit *Escherichia coli* growth. Biochemical and Biophysical Research Communications, 342(2): 406-413.

Chang I F, Curran A, Woolsey R, et al. 2009. Proteomic profiling of tandem affinity purified 14-3-3 protein complexes in *Arabidopsis thaliana*. Proteomics, 9(11): 2967-2985.

Chapple C C, Vogt T, Ellis B E, et al. 1992. An *Arabidopsis* mutant defective in the general phenylpropanoid pathway. Plant Cell, 4(11): 1413-1424.

Chen G, Gharib T G, Huang C C, et al. 2002. Discordant protein and mRNA expression in lung adenocarcinomas. Molecular & Cellular Proteomics, 1(4): 304-313.

Chen S, Bai S, Liu G F, et al. 2014. Comparative genomic analysis of transgenic poplar dwarf mutant reveals numerous differentially expressed genes involved in energy flow. International Journal of Molecular Sciences, 15(9): 15603-15621.

Chen S, Jiang J, Li H Y, et al. 2012b. The salt-responsive transcriptome of *Populus simonii* × *Populus nigra* via DGE. Gene, 504(2): 203-212.

Chen S, Polle A. 2010. Salinity tolerance of *Populus*. Plant Biology, 12(2): 317-333.

Chen S, Yuan H M, Liu G F, et al. 2012a. A label-free differential quantitative proteomics analysis of a *TaLEA*-introduced transgenic *Populus simonii* × *Populus nigra* dwarf mutant. Molecular Biology Reports, 39(7): 7657-7664.

Chi Y, Yang Y, Zhou Y, et al. 2013. Protein-protein interactions in the regulation of WRKY transcription factors. Molecular Plant, 6(2): 287-300.

Conti L, Price G, O'Donnell E, et al. 2008. Small ubiquitin-like modifier proteases overly tolerant to salt1 and -2 regulate salt stress responses in *Arabidopsis*. Plant Cell, 20(10): 2894-2908.

Dangl J L, Jones J D. 2001. Plant pathogens and integrated defence responses to infection. Nature, 411(6839): 826-833.

del Martínez-Ballesta M C, Silva C, Lopez-Berenguer C, et al. 2006. Plant aquaporins: new perspectives on water and nutrient uptake in saline environment. Plant Biology, 8(5): 535-546.

Dong J X, Chen C H, Chen Z X. 2003. Expression profiles of the *Arabidopsis WRKY* gene superfamily during plant defense response. Plant Molecular Biology, 51(1): 21-37.

Dubrovina A S, Kiselev K V, Khristenko V S. 2013. Expression of calcium-dependent protein kinase (*CDPK*) genes under abiotic stress conditions in wild-growing grapevine *Vitis amurensis*. Journal of Plant Physiology, 170(17): 1491-1500.

Eulgem T, Somssich I E. 2007. Networks of WRKY transcription factors in defense signaling. Current Opinion in Plant Biology, 10(4): 366-371.

Eulgem T. 2006. Dissecting the *WRKY* web of plant defense regulators. PLoS Pathogens, 2(11): e126.

Fan L J, Hu B M, Shi C H, et al. 2001. A method of choosing locations based on genotype×environment interaction for regional trials of rice. Plant Breeding, 120(2): 139-142.

Fields S, Song O. 1989. A novel genetic system to detect protein-protein interactions. Nature, 340(6230): 245-246.

Fu G F, Berg A, Das K, et al. 2010. A statistical model for mapping morphological shape. Theoretical Biology and Medical Modelling, 7: 28.

Gachon C M, Langlois-Meurinne M, Henry Y, et al. 2005. Transcriptional co-regulation of secondary metabolism enzymes in *Arabidopsis*: functional and evolutionary implications. Plant Molecular Biology, 58(2): 229-245.

Gal T Z, Glazer I, Koltai H. 2004. An LEA group 3 family member is involved in survival of *C. elegans* during exposure to stress. FEBS Letters, 577(1-2): 21-26.

Gunawardena A H. 2008. Programmed cell death and tissue remodelling in plants. Journal of Experimental Botany, 59(3): 445-451.

Hanson A D, Hitz W D. 1982. Metabolic responses of mesophytes to plant water deficits. Annual Review of Plant Physiology, 33: 163-203.

Hao Y J, Song Q X, Chen H W, et al. 2010. Plant NAC-type transcription factor proteins contain a NARD domain for repression of transcriptional activation. Planta, 232(5): 1033-1043.

Hayashi H, Mustardy L, Deshnium P, et al. 1997. Transformation of *Arabidopsis thaliana* with the *codA* gene for choline oxidase; accumulation of glycine betaine and enhance tolerance to salt and cold stress. Plant Journal, 12(1): 133-142.

He H S, Dong Q, Shao Y H, et al. 2012. Genome-wide survey and characterization of the *WRKY* gene family in *Populus trichocarpa*. Plant Cell Reports, 31(7): 1199-1217.

Hohendanner F, McCulloch A D, Blatter L A, et al. 2014. Calcium and IP3 dynamics in cardiac myocytes: experimental and computational perspectives and approaches. Frontiers in Pharmacology, 5: 35.

Holmstrom K O, Somersalo S, Mandal A, et al. 2000. Improved tolerance to salinity and low temperature in transgenic tobacco producing glycine betaine. Journal of Experimental Botany, 51(343): 177-185.

Horsh R B, Fry J E, Hoffman N L, et al. 1985. A simple and general method for transferring genes into plants. Science, 217(4691): 1229-1231.

Hossain M S, Dietz K J. 2016. Tuning of redox regulatory mechanisms, reactive oxygen species and redox homeostasis under salinity stress. Front in Plant Science, 7: 548.

Jamoussi R J, Elabbassi M M, Jouira H B, et al. 2014. Physiological responses of transgenic tobacco plants expressing the dehydration-responsive *RD22* gene of *Vitis vinifera* to salt stress. Turkish Journal of Botany, 38: 268-280.

Jones B L, Marinac L A. 2000. Purification and partial characterization of a second cysteine proteinase inhibitor from ungerminated barley (*Hordeum vulgare* L.). Journal of Agricultural and Food Chemistry, 48(2): 257-264.

Jones J D, Dangl J L. 2006. The plant immune system. Nature, 444(7117): 323-329.

Kien N D, Jansson G, Harwood C, et al. 2008. Genetic variation in wood basic density and pilodyn penetration and their relationships with growth, stem straightness and branch size for *Eucalyptus urophylla* in northern Vietnam. New Zealand Journal of Forestry Science, 38(1): 160-175.

Kim K C, Lai Z, Fan B, et al. 2008. *Arabidopsis* WRKY38 and WRKY62 transcription factors interact with histone deacetylase 19 in basal defense. Plant Cell, 20(9): 2357-2371.

Kinoshita T, Caño-Delgado A, Seto H, et al. 2005. Binding of brassinosteroids to the extracellular domain of plant receptor kinase BRI1. Nature, 433: 167-171.

Kumari A, Das P, Parida A K, et al. 2015. Proteomics, metabolomics, and ionomics perspectives of salinity tolerance in halophytes. Frontiers in Plant Science, 6: 537.

Li H, Zhang D, Li X, et al. 2016. Novel DREB A-5 subgroup transcription factors from desert moss (*Syntrichia caninervis*) confers multiple abiotic stress tolerance to yeast. Journal of Plant Physiology, 194: 45-53.

Li J, Besseau S, Toronen P, et al. 2013. Defense-related transcription factors WRKY70 and WRKY54 modulate osmotic stress tolerance by regulating stomatal aperture in *Arabidopsis*. New Phytologist, 200(2): 457-472.

Li J, Brader G, Kariola T, et al. 2006. WRKY70 modulates the selection of signaling pathways in plant defense. Plant Journal, 46(3): 477-491.

Li J. 2004. The WRKY70 transcription factor: a node of convergence for jasmonate-mediated and salicylate-mediated signals in plant defense. Plant Cell, 16(2): 319-331.

Li W, Zhao F, Fang W, et al. 2015. Identification of early salt stress responsive proteins in seedling roots of upland cotton (*Gossypium hirsutum* L.) employing iTRAQ-based proteomic technique. Frontiers in Plant Science, 6: 732.

Liang W W, Yang B, Yu B J, et al. 2013. Identification and analysis of MKK and MPK gene families in canola (*Brassica napus* L.). BMC Genomics, 14: 392.

Lilius G, Holmberg N, Blow L, et al. 1996. Enhanced NaCl stress tolerance in transgenic tobacco expressing bacterial choline dehydrogenase. Nature Biotechnology, 14: 177-180.

Lim P O, Kim H J, Nam H G. 2007. Leaf senescence. Annual Review of Plant Biology, 58: 115-136.

Lin J J, Assad-Garcia N, Kuo J. 1995. Plant hormone effect of antibiotics on the transformation efficiency of plant tissue by *Agrobacterium tumefaciens* cell. Plant Science, 109(2): 171-177.

Liu M R, Yin S P, Si D J, et al. 2015. Variation and genetic stability analyses of transgenic *TaLEA* poplar clones from four different sites in China. Euphytica, 206(2): 331-342.

Luban J, Goff S P. 1995. The yeast two-hybrid system for studying protein-protein interactions. Current Opinion in Biotechnology, 6(1): 59-64.

Maeda H, Dudareva N. 2012. The shikimate pathway and aromatic amino acid biosynthesis in plants. Annual Review of Plant Biology, 63: 73-105.

Mahajan S, Pandey G K, Tuteja N. 2008. Calcium- and salt-stress signaling in plants: shedding light on SOS pathway. Archives of Biochemistry and Biophysics, 471(2): 146-158.

McCormick S, Niedermeyer J, Fry J, et al. 1986. Leaf disc transformation of cultivated tomato (*L. esculentum*) using *Agrobacterium tumefaciens*. Plant Cell Reports, 5(2): 81-84.

McCue K F, Hanson A D. 1990. Drought and salt tolerance: towards understanding and application. Trends in Biotechnology, 8: 358-362.

McKeand S E, Li B, Hatcher A V, et al. 1990. Stability parameter estimates for stem volume for loblolly pine families growing in different regions in the southeastern United States. Forest Science, 36(1): 10-17.

Miao Y, Laun T M, Smykowski A, et al. 2007. *Arabidopsis* MEKK1 can take a short cut: it can directly interact with senescence-related WRKY53 transcription factor on the protein level and can bind to its promoter. Plant Molecular Biology, 65(1-2): 63-76.

Mohanty A, Kathuria H, Ferjani A, et al. 2002. Transgenics of an elite indica rice variety Pusa Basmati 1 harbouring the *codA* gene are highly tolerant to salt stress. Theoretical and Applied Genetics, 106(1): 51-57.

Nishizuka S, Charboneau L, Young L, et al. 2003. Proteomic profiling of the NCI-60 cancer cell lines using new high-density reverse-phase lysate microarrays. Proceedings of the National Academy of Sciences of the United States of America, 100(24): 14229-14234.

Osawa M, Anderson D E, Erickson H P. 2008. Reconstitution of contractile FtsZ rings in liposomes. Science, 320(5877): 792-794.

Park C Y, Lee J H, Yoo J H, et al. 2005. WRKY group IId transcription factors interact with calmodulin. FEBS Letters, 579(6): 1545-1550.

Park H C, Kim M L, Kang Y H, et al. 2004. Pathogen- and NaCl-induced expression of the SCaM-4 promoter is mediated in part by a GT-1 box that interacts with a GT-1-like transcription factor. Plant Physiology, 135(4): 2150-2161.

Park J, Benatti T R, Marconi T, et al. 2015. Cold responsive gene expression profiling of sugarcane and *Saccharum spontaneum* with functional analysis of a cold inducible saccharum homolog of NOD26-like intrinsic protein to salt and water stress. PLoS One, 10(5): e125810.

Pliura A, Zhang S Y, Mackay J, et al. 2007. Genotypic variation in wood density and growth traits of poplar hybrids at four clonal trials. Forest Ecology and Management, 238(1-3): 92-106.

Popescu S C, Popescu G V, Bachan S, et al. 2009. MAPK target networks in Arabidopsis thaliana revealed using functional protein microarrays. Genes & Development, 23(1): 80-92.

Pottosin I, Velarde-Buendia A M, Bose J, et al. 2014. Cross-talk between reactive oxygen species and polyamines in regulation of ion transport across the plasma membrane: implications for plant adaptive responses. Journal of Experimental Botany, 65(5): 1271-1283.

Qiu D, Xiao J, Xie W, et al. 2008a. Rice gene network inferred from expression profiling of plants overexpressing OsWRKY13, a positive regulator of disease resistance. Molecular Plant, 1(3): 538-551.

Qiu D, Xiao J, Xie W, et al. 2009. Exploring transcriptional signalling mediated by OsWRKY13, a potential regulator of multiple physiological processes in rice. BMC Plant Biology, 9: 74.

Qiu J L, Fiil B K, Petersen K, et al. 2008b. *Arabidopsis* MAP kinase 4 regulates gene expression through transcription factor release in the nucleus. EMBO Journal, 27(16): 2214-2221.

Rakwal R, Agrawal G K, Kubo A, et al. 2003. Defense/stress responses elicited in rice seedlings exposed to the gaseous air pollutant sulfur dioxide. Environmental and Experimental Botany, 49(3): 223-235.

Rienties I M, Vink J, Borst J W, et al. 2005. The *Arabidopsis* SERK1 protein interacts with the AAA-ATPase *At*CDC48, the 14-3-3 protein GF14λ and the PP2C phosphatase KAPP. Planta, 221(3): 394-405.

Ringli C, Keller B, Ryser U. 2001. Glycine-rich proteins as structural components of plant cell walls. Cellular and Molecular Life Sciences, 58(10): 1430-1441.

Robatzek S, Somssich I E. 2002. Targets of *At*WRKY6 regulation during plant senescence and pathogen defense. Genes & Development, 16(9): 1139-1149.

Rottensteiner H, Theodoulou F L. 2006. The ins and outs of peroxisomes: co-ordination of membrane transport and peroxisomal metabolism. Biochimica et Biophysica Acta (BBA)-Molecular Cell Research, 1763(12): 1527-1540.

Rushton P J, Somssich I E, Ringler P, et al. 2010. WRKY transcription factors. Trends in Plant Science, 15(5): 247-258.

Sadeghnezhad E, Sharifi M, Zare-Maivan H. 2016. Profiling of acidic (amino and phenolic acids) and phenylpropanoids production in response to methyl jasmonate-induced oxidative stress in *Scrophularia striata* suspension cells. Planta, 244 (1): 75-85.

Sakamoto A, Murata N. 2001. The use of bacterial choline oxidase, a glycinebetaine-synthesizing enzyme to create stress resistant transgenic plants. Plant Physiology, 125: 180-188.

Salvucci M E, Crafts-Brandner S J. 2004. Inhibition of photosynthesis by heat stress: the activation state of Rubisco as a limiting factor in photosynthesis. Physiologia Plantarum, 120 (2): 179-186.

Sharma R, de Vleesschauwer D, Sharma M K, et al. 2013. Recent advances in dissecting stress-regulatory crosstalk in rice. Molecular Plant, 6 (2): 250-260.

Shen Q H, Saijo Y, Mauch S, et al. 2007. Nuclear activity of MLA immune receptors links isolate-specific and basal disease-resistance responses. Science, 315 (5815): 1098-1103.

Shim J S, Jung C, Lee S, et al. 2013. *AtMYB44* regulates *WRKY70* expression and modulates antagonistic interaction between salicylic acid and jasmonic acid signaling. Plant Journal, 73 (3): 483-495.

Skibbe M, Qu N, Galis I, et al. 2008. Induced plant defenses in the natural environment: *Nicotiana attenuata* WRKY3 and WRKY6 coordinate responses to herbivory. Plant Cell, 20 (7): 1984-2000.

Song W Y, Zhang Z B, Shao H B, et al. 2008. Relationship between calcium decoding elements and plant abiotic-stress resistance. International Journal of Biological Sciences, 4 (2): 116-125.

Steinberg S J, Dodt G, Raymond G V, et al. 2006. Peroxisome biogenesis disorders. Biochimica et Biophysica Acta (BBA)-Molecular Cell Research, 1763 (12): 1733-1748.

Tanaka K, Asami T, Yoshida S, et al. 2005. Brassinosteroid homeostasis in *Arabidopsis* is ensured by feedback expressions of multiple genes involved in its metabolism. Plant Physiology, 138: 1117-1125.

Timmer L W, Peever T L, Solel Z, et al. 2003. Alternaria diseases of citrus-novel pathosystems. Phytopathologia Mediterranea, 42 (2): 99-112.

Tripathi P, Rabara R C, Rushton P J. 2014. A systems biology perspective on the role of WRKY transcription factors in drought responses in plants. Planta, 239 (2): 255-266.

Tuteja N. 2007. Mechanisms of high salinity tolerance in plants. Methods in Enzymology, 428: 419-438.

Tzin V, Galili G. 2010. New insights into the shikimate and aromatic amino acids biosynthesis pathways in plants. Molecular Plant, 3 (6): 956-972.

Wang X F, Kota U, He K, et al. 2008. Sequential transphosphorylation of the BRI1/BAK1 receptor kinase complex impacts early events in brassinosteroid signaling. Development Cell, 15 (2): 220-235.

Washburn M P, Koller A, Oshiro G, et al. 2003. Protein pathway and complex clustering of correlated mRNA and protein expression analyses in *Saccharomyces cerevisiae*. Proceedings of the National Academy of Sciences of the United States of America, 100 (6): 3107-3112.

Whetten R, Sederof R. 1995. Lignin biosynthesis. Plant Cell, 7 (7): 1001-1013.

Williams D B. 2006. Beyond lectins: the calnexin/calreticulin chaperone system of the endoplasmic reticulum. Journal of Cell Science, 119: 615-623.

Xie Z, Zhang Z L, Zou X L, et al. 2006. Interactions of two abscisic-acid induced WRKY genes in repressing gibberellin signaling in aleurone cells. Plant Journal, 46 (2): 231-242.

Xu X P, Chen C H, Fan B F, et al. 2006. Physical and functional interactions between pathogen-induced *Arabidopsis* WRKY18, WRKY40, and WRKY60 transcription factors. Plant Cell, 18 (5): 1310-1326.

Yang K S, Kim H S, Jin U H, et al. 2007. Silencing of *Nb*BTF3 results in developmental defects and disturbed gene expression in chloroplasts and mitochondria of higher plants. Planta, 226(6): 1459-1469.

Yokotani N, Sato Y, Tanabe S, et al. 2013. WRKY76 is a rice transcriptional repressor playing opposite roles in blast disease resistance and cold stress tolerance. Journal of Experimental Botany, 64(16): 5085-5097.

Yuan H M, Chen S, Lin L, et al. 2012. Genome-wide analysis of a *TaLEA*-introduced transgenic *Populus simonii* × *Populus nigra* dwarf mutant. International Journal of Molecular Sciences, 13(3): 2744-2762.

Zeng Q, Chen X B, Wood A J. 2002. Two early light-inducible protein (ELIP) cDNAs from the resurrection plant *Tortula ruralis* are differentially expressed in response to desiccation, rehydration, salinity, and high light. Journal of Experimental Botany, 53(371): 1197-1205.

Zhang Y J, Wang L J. 2005. The WRKY transcription factor superfamily: its origin in eukaryotes and expansion in plants. BMC Evolutionary Biology, 5: 1.

Zhao H, Wang S, Chen S, et al. 2015. Phylogenetic and stress-responsive expression analysis of 20 *WRKY* genes in *Populus simonii* × *Populus nigra*. Gene, 565(1): 130-139.

Zhou Q Y, Tian A G, Zou H F, et al. 2008. Soybean WRKY-type transcription factor genes, *GmWRKY13*, *GmWRKY21*, and *GmWRKY54*, confer differential tolerance to abiotic stresses in transgenic *Arabidopsis* plants. Plant Biotechnology Journal, 6(5): 486-503.

Zhu J. 2002. Salt and drought stress signal transduction in plants. Annual Review of Plant Biology, 53(1): 247-273.